新訂 初心者のための

海図教室

吉野秀男 著
布目明弘 増補改訂協力

成山堂書店

新訂版発行にあたって

私が海図の存在を初めて知ったのは中学生の頃、海賊をモチーフにしたある有名な漫画で、航海士のキャラクターが敵対する海賊団から特殊海域の海図を盗み出すシーンを見たときでした。航海に海図が必要不可欠なものであることを知ると同時に、「普通の地図とは何が違うのだろう？」と疑問を抱いたことを覚えています。その後、学校で船について学び、航海士の実務に就いて海図に深く関わる中で、海図の持つ面白さに魅了されていきました。

海図も近年のDXの流れの中にあります。大型船の多くは電子海図情報表示装置(ECDIS)の搭載が義務付けられ、紙海図を搭載しない船も多くなっています。私自身、船員として働き始めて間もない頃、ECDISが新たに搭載され、先輩船員らと一緒に試行錯誤しながら使い方を身につけた思い出があります。本改訂ではその経験を活かし、電子海図(ENC)に関する記述を追記しました。電子海図には紙海図よりも便利な点がある一方、電子海図ならではの注意点も存在します。本書ではその概要に触れるだけに留めますが、電子海図をご存知ではなかった方には、まずは実際に電子海図に触れていただきたいと思います。

初めて航行する海域を、海図なしで航行することは大変危険です。海図を正しく利用することは、船を操る人にとっての必修科目です。つまり、海図に関する専門的な知識や技能を確実に身につけていただく必要があります。小型船舶操縦士の試験で出題される問題については、原著者の吉野秀男さんによる素晴らしい図解と説明で、確実に解けるようになっていただけるかと思います。本改訂ではさらに、免許取得の過程を通して身についた知識・技能を実際の安全な航海に結びつけていただくため、海図の最新維持、具体的な位置確認の方法といった運用面について加筆いたしました。

本書が海を利活用する皆様の一助になれば幸いです。

最後に、本書の改訂に携わる機会をくださった、成山堂書店の皆様、そして富山高等専門学校校長 國枝佳明船長に深く感謝申し上げます。

2022年12月

布 目 明 弘

初版のはしがき

船に乗って海洋レジャーを楽しむのも､陸上の観光地に旅行するのも全く同じことです。その目的は、決められた時間内に楽しく、有意義に過ごし、型にはまった日頃の生活から飛び出して心身をリフレッシュし、明日への活力をはぐくむことでしょう。

しかし、ともすると無理な計画であったり、天候や自然の力を軽視する余り、障害事故や人身事故に至ることもあります。

特に、海洋レジャーの場合、海（湖沼）は日常生活の場ではありませんので、そこで起こるいろいろな現象についての知識も少なく、不慣れであるために、海上での事故は残念ながら陸上のそれより高い頻度で発生しています。

これから小型船舶の操縦者免許を取得して、海洋レジャーを楽しみたいと思われる方々は、海、船、機関、気象や関係法規の知識をしっかり習得したうえで、まず船の操縦に慣れることが必要です。しかし、慣れてくればとかく単独で行動をしたくなるもので、そんな時が最も危険です。

どんな短時間の航海でも、必ず航海計画を立てて行動してください。

航海は気象と海象の状態がよいことが前提条件ですが、自分の乗る船の性能（速力、燃料消費、堪航性能等）やその海域のその時の海潮流等を調査した上で、風向、流向流速等を勘案して、往航と復航の針路と所要時間を海図に記入し、航海計画を検討のうえ決定する必要があります。

海図を使いこなすこと（チャートワーク）はそう難しいことではありませんが、ともするとよく分からないといって敬遠する人がいます。これは、普段の生活の中では使ったこともない、三角定規やデバイダーが出てきたり、コンパスだマイルだノットだと言う聞き慣れない言葉も出てくることが原因だと思います。

確かに取りつきにくい作業でしょうが、わずかな基本を知って、その作業に慣れることがポイントです。分かってくれば航海計画を立てることによって、航海に出る前からその航海を楽しむこともできるようになります。

本書は、私が永年行った小型船舶の実技と学科の教習の経験から、初めて海図に接する方々のためにできるだけ分かりやすいように、手順を図解してみました。皆さんの海図作業の参考になれば幸いです。

どうか確かな航海計画を立てて、安全な航海を楽しんでください。

吉 野 秀 男

本書の利用にあたって

本書で用いている練習用海図 W150、W200 は、一般財団法人　日本水路協会の許可を得て、使用しています。

「利用許諾：（一財）日本水路協会承諾第 250102 号」

「海上保安庁許可第 242509 号」（水路業務法第 25 条に基づく類似刊行物）

©（一財）日本水路協会 2013

海図図式、灯台表（抜粋）の利用については、海上保安庁図誌利用第 210035 号を得て利用しています。

【練習用海図使用上の注意点】

練習用海図（W150、W200）は、小型船舶操縦士国家試験を受ける方の練習用に特に調整したものです。

最新の海図上の潮位記号の記載方法や海図図式とは、異なる場合があります。

【航海上の海図使用の注意点】

実際の航海では、海上保安庁刊行物を常に適切な最大縮尺で使用し、更新を維持してください。

海図上では、浅瀬などの周辺には他にも未発見の浅瀬などが存在することがあり得るので十分注意してください。

海図に記載されている灯台の光達距離は、実効光度等を用いた名目的光達距離です。

目　　次

Ⅳ 航海計画を海図に記入しよう！（チャートワーク）

I 航海計画って何？

どんな近距離であったり短時間の航海であっても、航海に出る前には必ず航海計画を立てて、それをマリーナや家族に届けて（知らせて）から出港しなければなりません。

I－1 航海計画

航海計画は正確な情報をもとに、必要な海図や水路誌を使ってコースラインを想定します。そのコースラインを海図に記入して、そこから針路と距離を求め、航海計画書を作成します。

I－2 海　図

日本語版の海図は海上保安庁が作成しています。海図には縮尺や図法によって、色々な種類があり、航海の目的に合った海図を選択して使用することができます。

1．縮尺による海図の種類

総　図……きわめて広い範囲を一目で見ることができる海図で、縮尺は 1/400 万より小さい縮尺のもの。

航洋図……沖合の水深、主要灯台の位置、沖合から視認できる顕著な物標などが記載された海図で、外洋航海などで使用されます。縮尺は 1/100 万より小さいもの。

航海図……陸岸を見ながら航海する場合、陸上の物標や航路標識等の方位測定や測深などをして、船位が測定できる海図です。縮尺は 1/30 万以下のもの。

海岸図……沿岸の細部や水深などが詳細に記入された海図で、沿岸航海に（プレジャーボートなどにも）利用されます。縮尺は 1/5 万以下のもの。

港泊図……港湾、錨泊地、水道など狭い区域が詳細に示されており、港の出入に使用されます。（プレジャーボートなども利用すると便利です）。縮尺は 1/5 万より大きいもの。

分　図……小さな港の場合 1 枚の海図の図中の一部に港泊図として詳細を描いたもの。

2. 図法による種類

平面図……地球の表面は曲面ですが、ごく狭い範囲を平面とみなして描いた海図で、方位や距離の誤差はほとんどありません。

漸長図……北（南）極点に収斂する子午線を平行線に直して表示し、緯度線はその子午線に直角に交わるように描いたもので、緯度が高くなるにつれて緯度の間隔を伸ばした海図です。従って高緯度の陸上の大きさや形状の誤差は大きくなります。

3. ヨット・モーターボート用参考図

プレジャーボート等の操縦者が使いやすいように、諸情報がわかりやすくカラーで表示され、狭い船内でも見やすいような少判(B3)で、ぬれてもよいようにラミネート加工されています。更にこの裏面には、主要港湾の海側からの写真や距離図、注意事項や参考事項が記載されています。

これは海図と違い、(一財)日本水路協会から発行されています。

4. 航海用電子海図（ENC）

航海用電子海図（Electronic Navigational Chart : ENC）は、PC、スマートフォンやタブレットなどの端末で見ることのできる海図です。デジタル形式のデータが参照できるベクター海図と、紙海図をスキャンしたラスター海図の 2 種類があります。大型船用の ECDIS の他、小型船向けにも航海用電子参考図（new pec）が（一財)日本水路協会から発行されています。また、民間の各社からも海図アプリが発行されています。

電子海図を使用する場合、端末の電池切れのおそれがあります。そのため、バックアップで紙海図も船内に常備しておくことをおすすめします。

（1）電子海図のメリット

・汚れない、破れない、かさ張らない
・鉛筆、三角定規などの道具が必要ない
・画面の拡大・縮小ができる
・端末の GPS で自船の位置等をリアルタイムに表示できる
・データ（航路、航跡など）を複数保存することができる
・発注後すぐに使用できる
・更新作業が簡単

（2）電子海図のデメリット

・端末の故障のおそれがある
・端末の電池切れに注意する必要がある
・海図の表示範囲が画面の大きさに限定される
・入力操作に慣れる必要がある
・濡れた手での操作が困難

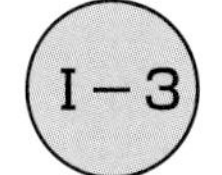

水路書誌

1．水路誌

水路誌は水路の案内書で、海上における気象、海流、潮流等の諸現象と航路や沿岸の状況から港湾の状況などまで詳細に記載されたもので、主に大型船用に作成されたものです。

2．特殊書誌

航海や停泊の参考になる書籍類で、航路誌、灯台表、潮汐表、天測暦、天測計算表、距離表などがあります。

3．プレジャーボート・小型船舶用港湾案内

小型船舶用に港やマリーナの入出港の要領や施設、港の内外の障害物などが詳細に記されています。これも、(一財)日本水路協会から発行されています。

Ⅱ 航海計画を立てよう！

それでは自分で航海計画を立てるには、どのようなことを調べたり、準備すればよいか、具体的に順を追って列挙してみましょう。

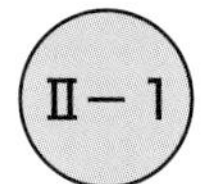 出港前の準備

航海といっても、数時間の航海から数日の航海もありますが、船が桟橋を離れて海上に出れば、どちらの場合でもまず安全に航海を終わらせなければなりません。いつも走りなれた水域にちょっと行ってくるからといって、点検や準備をせずに出るようなことはしてはいけません。むしろそんな時に事故は多く発生しています。

どんな航海であっても、出港前には綿密かつ慎重に準備をして、出港するよう心がけなければなりません。

1. 航海計画を立てる前の準備と心得

操縦に慣れないうちは、夜間の航海は非常に危険が伴いますので、昼間の航海だけにして夜間航海は避けるべきです。しかしやむを得ず夜間の航海をせざるを得ない場合もありますので、なるべく経験者と同乗して技術を習得したり、レーダー等の計器類の取り扱いにも普段から慣れておく必要があります。

また、同乗者の経験や能力を知っておき、いざという場合どのようなことを同乗者に協力して貰えるかなども考慮し、その他下記のような事項にも考慮して計画を立てるのがよいでしょう。

（1）自分の乗っている船の要目と航海能力
（2）航海中に予想される気象・海象の変化
（3）運航者（船長）の経験と能力
（4）同乗者の人数と構成

2. 情報の収集

（1）気象・海象の情報

現在は、ラジオ、テレビ、インターネット、など情報源は多岐にわたってあるので、

できるだけ最新でかつ信用のできる次の情報を収集して検討してください。

・天気図（6 時間ごと発表されています）

・天候の短期・長期の予報

・特にその海域に注意報や警報が出ていないか

・潮汐や潮流の時間と速さ（潮汐表で調べる）

（2）航海予定海域の状況

海図、プレジャーボート・小型船用港湾案内、専門誌、マリーナやベテランの船長などから下記事項を詳しく調べたり、聞いておくことが大いに参考になります。

・漁船の操業状況や操業区域について

・一般船舶の航路と通行状況について

・遊漁船の状況について

・危険水域や避難港等の有無について

（3）寄港する場合は寄港地の状況

航海の途中で入港する予定の港（マリーナ）、または避難港として想定する港がある場合は、事前にできるだけ詳細に下記事項を直接問い合わせなどして、調査しておくのがよいでしょう。

・船からマリーナ、港湾管理者等への連絡の手段（方法）

・係留場所の有無、桟橋の状況と事前の許可取得

・入港する時の注意事項や障害物の有無

・燃料・水等の補給の可否と料金等

（4）予定水域付近の関係法規

航行予定水域とその付近に、特に注意すべき法規や条令などの有無を調査します。ある場合には、適用されるルールに従って航行しなければなりません。

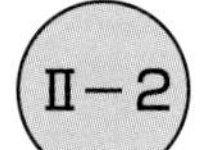

Ⅱ−2 出港前の整備・点検と搭載品

船の整備と点検は常に心がけていなければなりません。特に出港前の点検は入念に繰り返し行うようにしましょう。

点検は、船長が自ら行うもので、いくら信頼できる人であっても他人に依頼するようなことをしてはいけません。なぜならば、一旦海上に出れば全ての責任は船長にあるから、また船長が自分自身で納得した状態で出港しなければ、出港後万一それに関連したことで事故などが発生した場合、同乗者に申し訳ないと共に船長自らも後悔することになるから

です。

1．船体・機関の整備と点検

（1）船体の点検整備

・船体の外回りに損傷箇所などがないか。

・航海灯の点灯確認、ビルジポンプの作動の確認

・開口部の閉鎖と排水設備の点検

・積み込み品はしっかり固定されているか。

・船体は安定な状態になっているか。

（2）機関整備と機関室の点検

・機関は定期的に専門家に整備を依頼して万全の状態にしておく。長期間使用しないときでも、時々エンジンをかけて正常であることを確認しておく。

・オイル、冷却水、バッテリー液等の補充と点検

・ビルジの有無と燃料やオイルのもれがないことを確認する。

・暖機運転を十分に行い、その間にエンジン音、振動、匂い、冷却水の排出状況等運転状態の確認をする。

2．積み込み品の確認

・法定備品はもとより、必要な備品の積み込みの確認

・食料・飲料水・燃料等余裕のある量の積み込みの確認

・海図（ヨット・モーターボート用参考図）やプレジャーボート・小型船用港湾案内等必要図書の積み込み確認

・必要通信設備の積み込みと充電や作動の確認

・法定書類の積み込み確認

船舶検査証書

船舶検査手帳

小型船舶操縦士免許証

3．天気予報とその傾向の把握

天候は当日の天気だけでなく、数日前からの天候の傾向を把握し、今後の気象の変化を自分自身で予測することも必要です。

予定海域に独特の海流や風の流れがある時は、気象の変化によってどのような海象の変

化が予想されるかなどを、あらかじめ予想できるようにしておかなければなりません。
沿岸の地形によっては、風向によってその海域の海象は大きく変わるので、特に風向とその変化には注意しなければなりません。
特定の海域での観天望気や、昔からの言い伝えなども研究して参考にすることも大切でしょう。

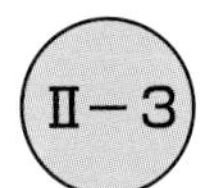

航路の選定

船を走らせるには出港から入港まで、航海の長短、沿岸沖合の航海に関係なく、第一にその航海が安全であること、次に経済的（最短距離を走る）であることを大前提にして、その上で航海の目的にそった航海計画を立てなければなりません。
航海計画を立てるには、まず海図上にコースライン（走る予定線：針路と変針点）を記入します。コースラインを決める時には、次のような事項を海図上で入念に調査検討します。

1．安全な離岸距離と変針点

浅瀬や岩礁等危険な箇所が無いか海図上でチェックし、自船ができるだけ直線で長く（ひんぱんにコースを変更することは好ましくないので）、かつ安全に海岸からの距離を保って航行できるコースラインを設定します。
しかし、沿岸を走る場合は、何時までも同じコースで走ることが適当でない時があるので、そのときには針路を変えて次の目的地点に向けます、この地点を変針点といいます。
変針点は、通常海図上に記載されている顕著な物標（灯台、島、山頂等）を正横（真横）に見る地点を選ぶようにします。
コースラインの方向（針路）は、磁気コンパスを使用している場合は海図に記載されているコンパス図の磁針方位で（内側の目盛）を使用して測定します。
海図のコンパス図には、真方位（外側の目盛）と磁針方位（内側の目盛）が記載されているので間違わないようにしてください。

2．航海距離と所要時間

上記の手順で、出発地から目的地までコースラインが海図に記入できたら、全航程（出発地点から到着地点までの通算距離）を測定します。
測定の方法は、デバイダーを出発地点から最初の変針点まで、変針点から変針点まで、というようにそれぞれのコースラインの直線部分に当てて、緯度目盛で海里（マイル）を測定します。それぞれを加算して全航程（マイル）を出します。

全航程のマイル数が出たら、自船の巡航速力から所要時間を計算し、要すれば風や潮流等の影響も勘案して到着時間を決定します。

＜所要時間の計算＞

速力は［ノット］　1 時間に走るマイル数：
1 時間に 10 マイル走る船の速力は 10 ノットです。

航程　［マイル］　緯度 1 分の長さ（1,852m）

時間　［　分　］　時間は分単位で考えます：
その理由は、時間単位にすると、20 分は 0.33333 …時間となり不都合だからです。

$$\text{所要時間（分）} = \frac{\text{走行マイル} \times 60}{\text{ノット}}$$ で計算できます。

＜例題＞　全航程 45 マイルを 12 ノットで走れば何時間何分かかるか。

解答

$$\frac{45^{\text{マイル}} \times \cancel{60}^{\,5}}{\cancel{12}^{\text{ノット}}} = 225\text{分} = 3\text{時間}\,45\text{分}$$

＜参考＞

速力と距離も下記の関係式によって計算できます。

$$\text{ノット} = \frac{\text{走行マイル} \times 60}{\text{所要時間（分）}} = \frac{\cancel{45} \times \cancel{60}^{\,12}}{\cancel{225}_{\,5}} = 12^{\text{ノット}}$$

$$\text{走行マイル} = \frac{\text{ノット} \times \text{所要時間（分）}}{60} = \frac{\cancel{12} \times \cancel{225}^{\,45}}{\cancel{60}_{\,5}} = 45^{\text{マイル}}$$

3. 狭い水道や危険水域の航行

＊　狭い水道・河川等

狭い水道や河川を通行する時には、流向に注意しなければなりません。流向は潮汐表により算出して、憩流の時か弱い逆潮（前から潮流を受けること）の時に通行し、順潮（後ろから潮流を受けること）の時はかじ効きが悪いので避けたほうが良いです。河川の場合流向は変わらないので、下る時には特に注意が必要です。また、河川が湾曲している時は、その内側は流れが遅く浅いことが多く、外側は流れが速く深くなっています。

＊　危険水域

一般船舶の航行が輻輳している海域や、漁船などが多い海域は避けて通るようにしましょう。どうしても航行しなければならない時は見張りを厳重にし、何時でも衝突を回避したり停船できる速力（安全な速力）とします。このような海域の夜間航海は初心者の場合は絶対に避けるべきです。

4. 避難港の選定と錨泊の注意

長距離航海はもとより日帰りの航海でも、海上の天候は陸上より急激に変化することが多いので、何時でも荒天に遭遇することを念頭において航海計画を立てて航行することが大切です。

＊海図にコースラインを記入しないで目視にたよって沖に出てゆくときには、航行中急に視界が悪くなったり、急に引き返さなければならなくなったときなどのために、出てゆくときのコースを記録しておくか、後方を見ながら景色や顕著な物標を記憶しておくことも大切です。

＊沿岸を長距離航海する時には、その日の風向を勘案して安全に避難できる避難港を選定しておきましょう。

適当な避難港が無い時は、無いことを知っておくべきです。

＊避難港は、風、浪、うねりが入らない港または湾で、広い海面と浅瀬や岩礁等がなく、錨泊に適当な水深があるところが良いです。

避難港に入って錨泊しても風が強くなったり、底質が悪い時など走錨することも考えられますので安心はできません。もし走錨する時は必ず風下に流されるので、錨泊する時は事前に風下に浅瀬や岩礁など危険物が無いことを確認しておくことも大切です。

Ⅲ 海図って何？—海図の基礎知識—

皆さんも同じだと思いますが、私は旅行をする時に、あらかじめその地方の旅行案内書や地図で色々なことを調べて旅行に出て、より楽しく有意義な旅となるようにします。その地図と旅行案内書が、航海について言えば、海図と水路図誌です。日本では海図と水路図誌は海上保安庁海洋情報部から発行され、変更があれば、刻々それを改訂・報告しています。1枚の海図を使い慣れているからといって、改訂もせずに永年使用することは、危険を伴うこともありますので、適当な時期に買い換える必要があります。

海図は、その使用目的によって図法や区域を限定したり、縮尺をかえて、地球上の全海域をカバーしています。なお現在、日本の海図は全て世界測地系に統一されています。世界測地系海図には朱色でその旨記載されていますので、従来の日本測地系の海図は買い換えた方が良いでしょう。特にGPSを使用する場合は世界測地系海図を使用してください。

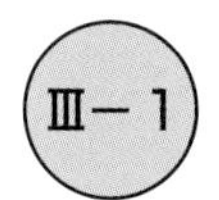

Ⅲ－1 平面図と漸長図

地球表面は曲面ですが平面として図示し、できるだけ誤差をすくなくするようにして、見易く作成した海図に平面図と漸長図があります。

1. 平面図

港湾、海峡、島嶼などごく狭い範囲については、その範囲を平面とみなして書いた海図です。方位や距離の誤差はほとんどないとみなして、使用してさしつかえありません。

2. 漸長図

北（南）極点に収斂する子午線（経度線）を平行線で表し、緯度線はその経度線に直角に交わるようにして表す図法で作った海図です。

この図法では、緯度が高くなるにつれて経度線の間隔は実際より広くなりますので、それと同じ比率でそこの緯度線の間隔を広くして作ります。したがって、針路（方位線）は経度線となす角度と等しい角度で、直線で表すことができます。

通常、航海にはこの図法の海図を使用するので、本書では以後は特別の断りのないかぎり、海図は漸長図として説明します。

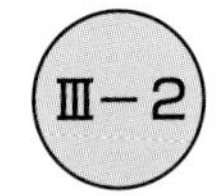

漸長図の緯度と経度

海上の船の位置（船位）は緯度と経度で表します。緯度は地球上の位置の南北を表し、経度はその東西を表します。

尺度の単位は、度（°）と分（′）です。

1. 緯度と緯度目盛

(1) 緯　　度：地球上のある地点が赤道から南北にどれ位離れているかを表す尺度です。赤道を０度として北（南）極までそれぞれ90°に分割して表示します。赤道より北側は北緯、南側は南緯として表します。

(2) 緯度目盛：１度は60分です。（時計の単位と同じ：１時間は60分）その１分の長さを１海里（マイル）とします。（ただし、地球は真円ではありませんので、正確には緯度45°のところの１分の長さです）。したがって１度を南北に測れば60マイルとなります。

1マイルは1,852メートルです。（＝1.852キロメートルです。）

※ただし、陸上のマイル（哩と書きます）は1,609.344メートルです。

2. 経度と経度目盛

(1) 経　　度：イギリスのグリニッジ天文台を通る子午線を０度とし、それぞれ東西にどれ位離れているかを表す尺度です。グリニッジ子午線を０度として東西に180度ずつに分割し、その東側は東経、西側は西経を付けて表示します。したがって、東西の180度線は同じ線となり、この線を通称日付変更線といいます。

(2) 経度目盛：同じく経度も１度は60分ですが、距離の単位にはなりませんので注意してください。

3. 緯度と経度の表示

(1) 通常、緯度経度とも分（′）は少数点以下１位まで付けて表します。（1分は60秒ですが、秒は使用せず海図では10進法で表します）

(2) 緯度、経度の表示は、通常書いたりしゃべったりする時は、必ず緯度を先に経度を後にします。

　したがって、海図に緯度経度を記入する時は、緯度を先に記入して後から経度を記入します。逆に、緯度経度を測る時は緯度を先に測り、次に経度を測るように習慣づけましょう。

(3) このように順序を決めておけば、緯度と経度を間違うようなミスは防げます。

(4) 緯度と経度の書き方

イ．北緯 30 度－ 04.5 分、　東経 134 度－ 12.0 分

ロ．30°－ 04.5′N、　134°－ 12.0′E

ハ．30°－ 04.5′N

　　134°－ 12.0′E

ニ．横に並べる時（ロ）も、上下に並べる時（ハ）も緯度が先です。

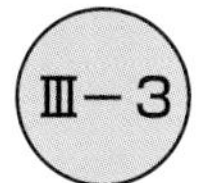

海図の緯度と経度の表示について

日本付近の緯度は北緯、経度は東経(東経 135°が日本標準時の経度)ですので、本書では南緯と西経についての説明は以後省略します。

1．緯度：海図の左右についている目盛が緯度目盛で、下から上に向かって度数(分数)が増していきます。

　1 分は 1 マイルです。海図の目盛には、1 分をさらに .2 .4 .6 .8 の . 偶数の目盛が記入されています、(. 奇数）はその目盛の中間を取ります。また、例えば 2 分のときでも、2.0 と小数点以下 1 けたを必ず表示してください。

2．経度：海図の上下についている目盛が経度目盛で、左側から右に向かって度数（分数）が増していきます。

　目盛の読み方は緯度と同じで、小数点以下 1 けたまで読んでください。

3．海図作業(チャートワーク)上の注意事項

(1) 距離を測るのは緯度目盛だけで、経度目盛を使ってはいけません。

(2) 分は 00.0′のように 0 を必ず書くようにします。例えば 4 分は 04.0 と書くようにしなければ、前の 04 だけが頭に残って、0.4′と間違うケースがよくあります。

(3) 17 分を読む時、最初のうちは、10 分から 11、12、13、… 17 分というように緯度ならば下から上へ、経度ならば左から右へ 1 目盛ずつ指で数えて確認するとよいでしょう。

　これを時計で考えると、17 分は 20 分の 3 分前ですから、20 分から 3 分下また

　　は左に戻ると考えると、わかりやすい場合もあります。

(4) 緯度線、経度線を引く時、目盛を数えたらそこに鉛筆でマークをつけてから、定規を合わせるようにします。ただし、そのマークは使い終わったら消しておかないと、後で間違うことがあります。

※緯度経度の度分の単位は、時計の時間と分と同じですから、上または右は時計が進む方向、下または左は時計が戻ることになります。

（時計が戻るということは、何分前と考えることと同じになります）

例えば、

29°－58.0′Nは30°の2分前と考えて、30°から2分さがり、134°－49.0′Eは134°－50′の1分前と考えて、135°－50′から1分左に戻ると考えると分かりやすいと思います。

<これを図で説明すると>

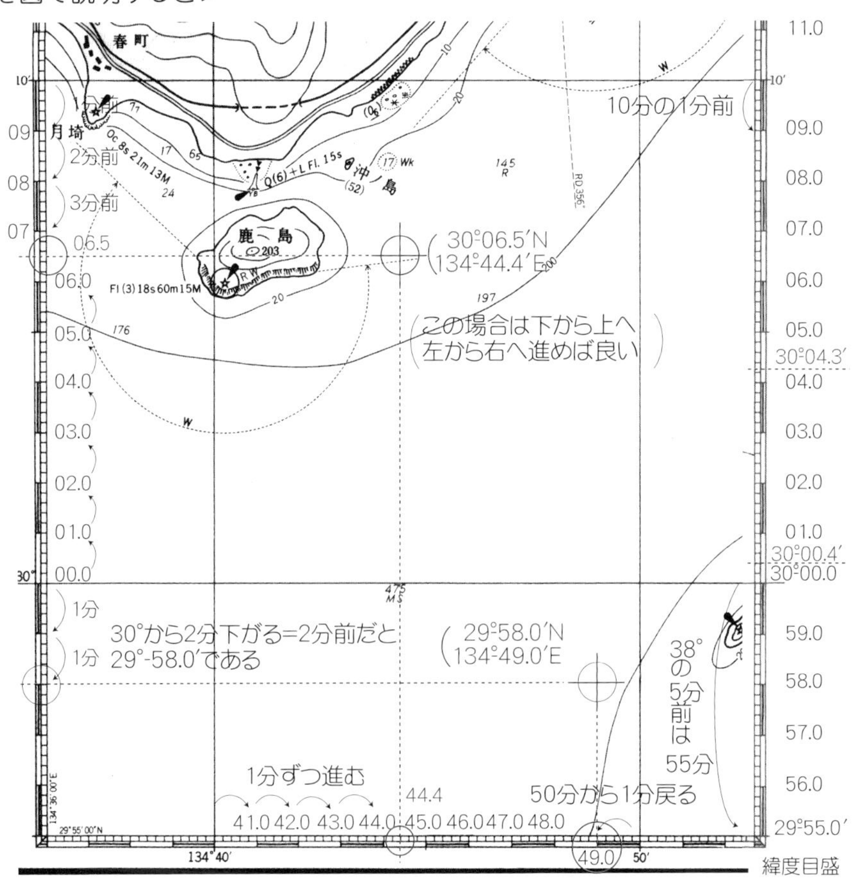

Ⅲ−4 コンパスカードとコンパス図

海図には、何か所かにコンパス図が記入されております。このコンパス図には必ず外側の目盛と内側の目盛が書かれています。

外側の目盛の☆印は真北(北極)を指しています、これが真方位の目盛です。内側の目盛の矢印は磁北(磁石の北極)を指しています、これが磁針方位の目盛です。また、矢印の軸にはその場所の偏差と年差及び偏差を測定した年数が記入されています。

1．コンパスの目盛

コンパスの目盛の表示には、「点画式」と「360°式」があります。

「点画式」(32点式)

1周を32等分して表示する方式

北　…N	南　…S
北東…NE	南西…SW
東　…E	西　…W
南東…SE	北西…NW

上記の間を等分割して32点とします。

「360°式」

北を0°として右回りに1周を360°に分割して表示する方式。現在一般には、この方式が用いられています。

点画式との対応は下図の通りで、何れもコンパスの中心から見た方位です。

コンパスカード

コンパス図（海図に記載されているもので、コンパスローズともいいます）

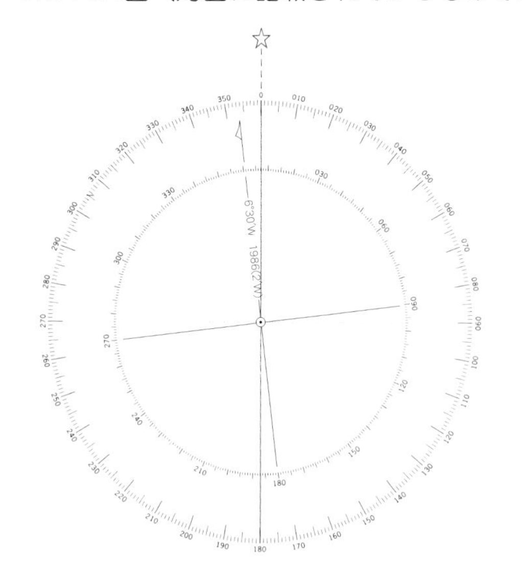

偏差　　6°30′W（左）
測定年　1986年
年差　　1年に2′W
を表します。

2. 真方位

地球の北極を指す方位を000°を基準とし右回り方位をいいます。

ジャイロコンパス(真北を指すコンパス)を備えている大型船では、全て真方位を用いて航海し、磁針方位はほとんど使用しません。

3. 磁針方位と偏差

磁北(磁石の北極点)は地球の北極点とは一致しないため、磁気コンパスの北は真北を指さずに磁北を指します。この真北との示度の差を偏差といいます。

磁北が真北の右側に偏している場合は偏東誤差といい、E(+)の符号をつけて表示し、左に偏している場合は偏西誤差といい、W(−)の符号をつけて表示します。

偏差は、地球上の位置によってかなり異なり（東京湾の中でも場所によって偏差は異なります）、また年月の経過によってもわずかずつ変化します（これを年差といいます）。コンパス図の矢印の軸に年差と年数が記してあるのはこのためです。また、海図の何か所かにコンパス図が書いてあるのは、その場所によって偏差が違うからです。

日本近海の偏差は5～8°W（偏西誤差）です。場所によりその差は相当の幅がありますので注意して下さい。

プレジャーボートの多くは磁気コンパスを設備していますので、次に出る自差と共によく理解しておく必要があります。

4. 偏差の修正

磁針方位（磁針路も同じ・以下省略する場合があります）に偏差を修正すれば真方位（真針路）になります。

修正の方法は（偏差の符合の使い方）

・磁針方位から真方位に修正する時は符号の通りに偏差値をＥはプラスし、Ｗはマイナスして修正します。

・反対に、真方位から磁針方位に修正する時は符号を逆転して偏差値をＥはマイナスし、Ｗはプラスして修正します。

<これを図で示すと>

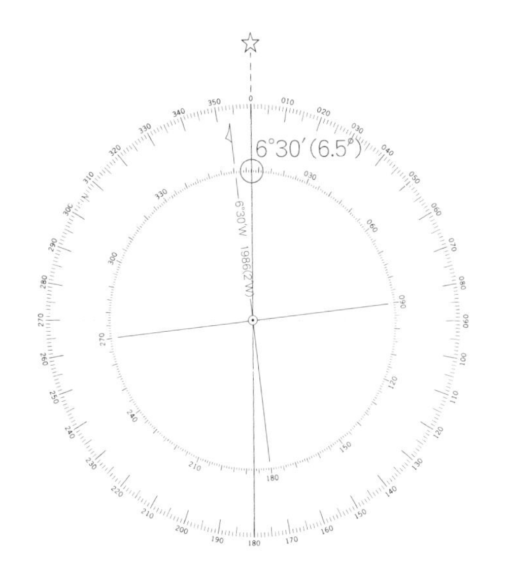

左図の場合

磁北が真北より左に６°－30´振れているので偏差は６°－30´(6.5°)W、磁針方位から６°－30´(6.5°)引けば真方位の０°となります。

また仮に、磁北が真北より右に５°振れていれば、真北は355°となり、５°加えてやれば真方位は０°となります。

偏差修正計算の例題

<例題１>　磁針針路125°で航行中の船のそのときの真針路は何度か。
ただし、この地の偏差は６°Ｗとします。

解答　この場合は符合の通り加減すればよいケースですから
125°－６°＝119°が真針路となります。

<例題２>　自船からＡ灯台の真方位は311°である、これを磁針方位に直すと何度になるか。ただし、この地の偏差は７°Ｗとします。

解答 この場合は符合を逆転するケースですから、7Wは7＋として
311°＋7°＝318°が磁針方位となります。

5. コンパス方位と自差

船に設備されているコンパス（プレジャーボートでは一般に磁気コンパスです）で方位を測ったり、針路を決めて走ります。この時の方位や針路をコンパス針路（コンパス方位）といいます。

磁気コンパスはその周辺の鉄器類等の磁気の影響を受けて磁北を指さないで左右に振れます。この振れをそのコンパスの自差といいます。

自差は非常に複雑で、船毎で違い、更にその船の船首方位によって違いますが、ここでは単純にその船のその時の船首方向の自差として考えてください。

6. 自差の修正

自差も、偏差と全く同じ符号です。コンパスの北が磁北より右に偏していれば偏東誤差でE（＋）、左に偏していれば偏西誤差でW（－）の符合をつけます。

自差の修正の方法は偏差の修正方法と全く同じです。

・コンパス方位から磁針方位に修正する時は符号の通りに修正します。
・磁針方位からコンパス方位に修正する時は符号を逆転します。

自差修正計算の例題

＜例題1＞ B山の山頂をコンパス方位 025°に測定した、この山頂の磁針方位は何度か。ただし、この時のコンパスの自差は5°Eとします。

解答 この場合はコンパス方位→磁針方位だから符合のまま加減すればよいので、
025°＋5°＝030°（磁針方位）となります。

＜例題2＞ C港灯台に向けて磁針針路180°で航行したいが、このときコンパス進路は何度で航行すればよいか。ただし、その船のそのときの船首方位の自差は8°Wとします。

解答 この場合は磁針方位→コンパス方位だから符合を反転するので8°＋となります。
180°＋8°＝188°のコンパス針路で航行すればよいことになります。

7. コンパス誤差とその修正

コンパス誤差とは、偏差と自差を合わせた誤差をいいます。つまり磁気コンパスの指す羅北（羅針盤の北という意味）と真北との差になります。羅北が真北より右に偏しているときは偏東誤差Ｅ（＋）、左に偏しているときは偏西誤差Ｗ（－）の符号をつけ、修正の仕方は偏差や自差と同じです。

・コンパス方位（コンパス針路）から真方位（真針路）を求める時は符合の通りコンパス誤差を加減します。

・真方位（真針路）からコンパス方位（コンパス針路）を求める時は、符合を逆転してコンパス誤差を加減します。

コンパス誤差の修正計算の例題

<例題１>　Ｄ灯台をコンパス方位　220°に測定した。Ｄ灯台の真方位は何度か。ただし、この海域の偏差は７°Ｗ、この時の自差は３°Ｅとする。

解答　この場合、コンパス方位から真方位を求めるのですから、符合はそのまま加減すればよいことになります。

コンパス誤差は－７＋３＝－４となるので、

220°－４°＝216°（真方位）となります。

<例題２>　この海域で真針路270°で航行するには、コンパス針路を何度にすればよいか。ただし、この海域の偏差は８°Ｅ、この時の自差は３°Ｅとする。

解答　この場合、真針路からコンパス針路を求めるケースですから、符合を逆転して加減することになります。

コンパス誤差は－８－３＝－11となるので、

270°－11°＝259°のコンパス針路となります。

8. 方位の読み方

コンパス図の方位は前記した通り、中心から外側に向かった方位です。
しかし最初のうち、作業上次のような間違いを犯すことがよくあるので注意してください。

例えば、090°に定規を合わせると、確かに中心から右側は090°の方向ですが、そのまま左を見ると270°でもあります。090°と270°をたがいに反方位といいます。

特に海図で、方位を読んだり方位線を記入する時に 180°間違う（反方位と間違う）ことがよくありますので注意してください。

＜これを下図で示すと＞

「を」と「から」では灯台の反対側の線になります。

大島の黄岬灯台「を」磁針方位 105°にみる線 - - - - - - - - →

大島の黄岬灯台「から」磁針方位 105°の線 ————————→

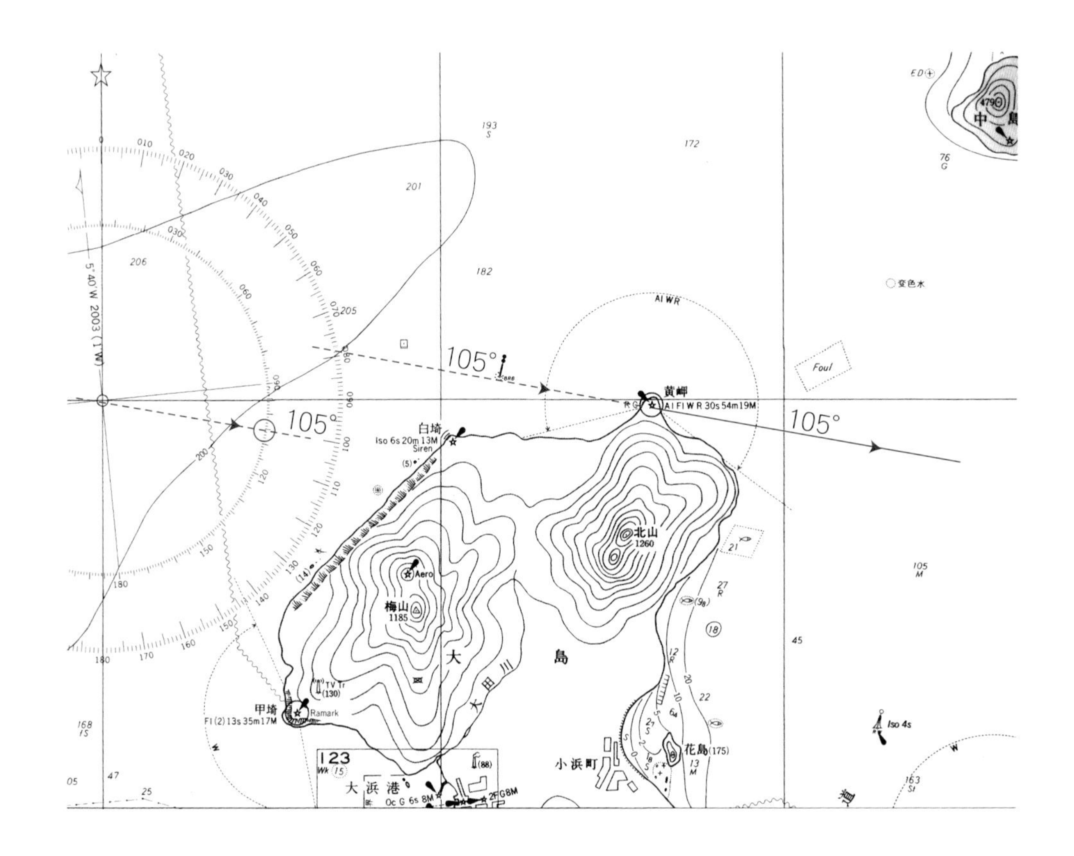

図でわかるように「を」と「から」を読み違えると大変な間違いになります。

＜参考＞

この反方位を上手に利用することもできます。

例えば、コンパス図が小さいとき、磁針方位 040°の線を引くとします。定規を中心と磁針目盛の 040°に合わせるのが難しい（少しの定規のずれで角度の誤差が大きくなってしまう）ので、このようなときにコンパス図の磁針目盛の 040°と反方位（＋180°）である 220°に合わせて定規を当てると、合わせやすくてより正確な線を引くことができます。

［注］ただしこの時、定規がコンパス図の中心を通っていることを確認することを忘れないでください。

＜例＞　白埼灯台から磁針方位で040°の線の引き方。

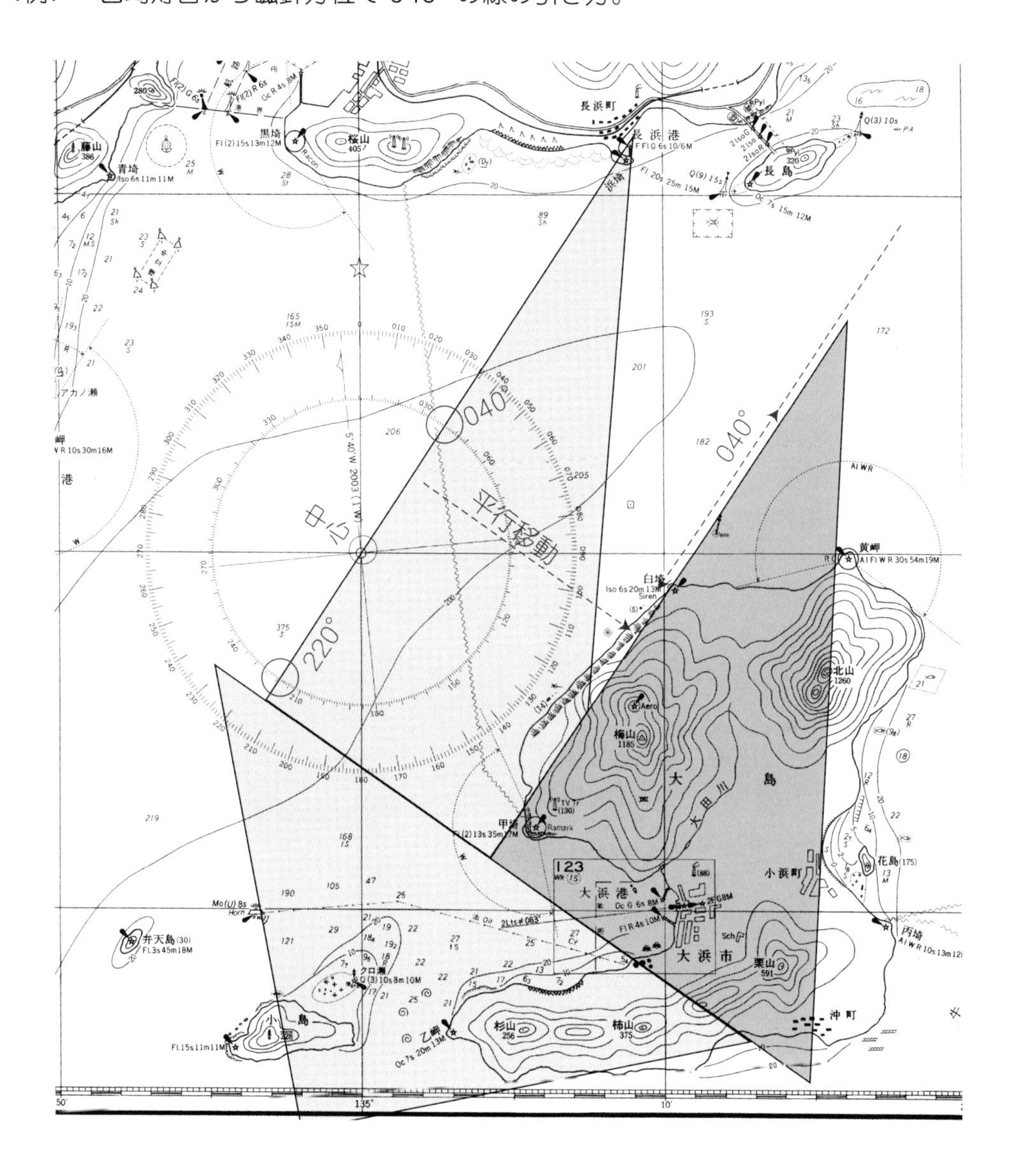

Ⅲ－5　海図図式

海図も地図と同様、色々な事柄や物標を書き表すために記号、符合や略号等が定められています、これを海図図式といいます。

海図は航海に欠かせないものですから、図式の意味を正確に覚えておく必要があります。更に確認のために、船内に掲示しておき常に目に触れるようにしておくことも必要でしょう。

定められている図式は色の表示も含めて詳細にわたってたくさんありますが、主なものを下図に示します。

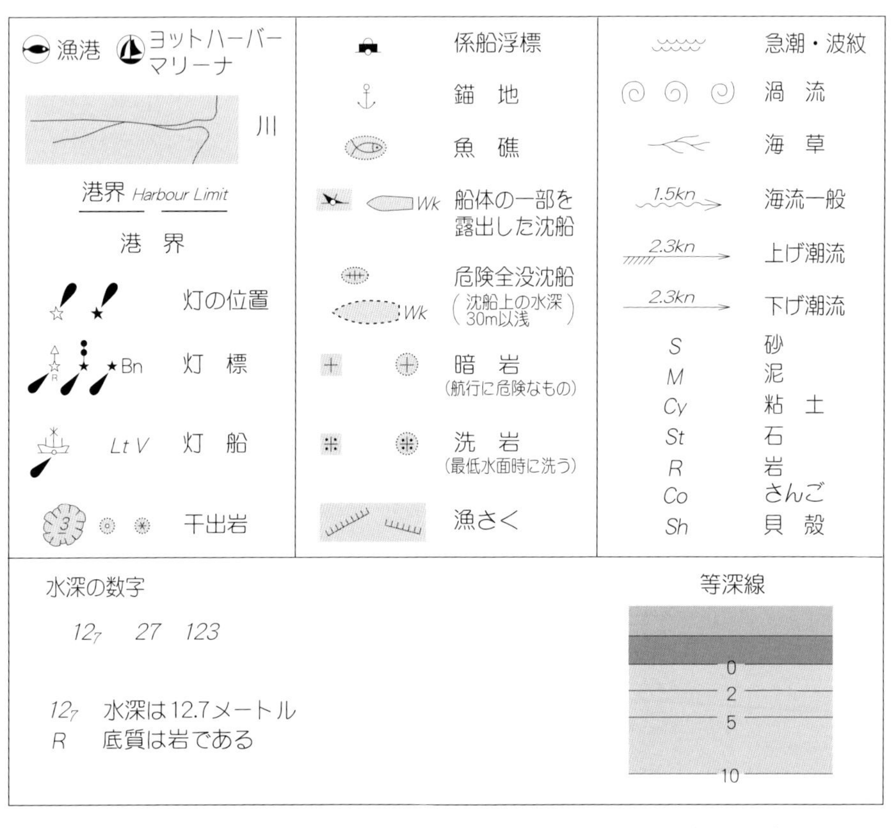

海上保安庁図誌利用第210035号

Ⅲ－6　航路標識と灯質

航路標識とは主として沿岸、水道、港湾等の航行や出入する際に船の安全を守るために、灯光、形象、色彩、音響、電波等によって航路や障害物などを表示する施設をいいます。

航路標識には、航路や危険な箇所などを示す浮標や灯浮標、船の位置や変針点の確認の目標となる灯台、狭い水道や湾口の安全な航路を示す導標など多種類の航路標識があり、その形状や色によって識別されていますので詳しい図表を参考にして下さい。

ここでは、特に知っておくべき主な浮標式と灯質を図示します。

1. 主な浮標式

種別	図解	海図図式	塗色	頭標	灯色	意　味
左げん標識		G	緑		緑	1)標識の位置が航路の左側の端であること。 2)標識の右側に可航水域があること。 3)標識の左側に岩礁、浅瀬、沈船等の障害物があること。
右げん標識		R	赤		赤	1)標識の位置が航路の右側の端であること。 2)標識の左側に可航水域があること。 3)標識の右側に岩礁、浅瀬、沈船等の障害物があること。
孤立障害標識		BRB	黒字に赤横帯		白	標識の位置またはその付近に、岩礁、浅瀬、沈船等の障害物孤立してあること。
安全水域標識		RW	赤白縦縞		白	1)標識の周囲に可航水域があること。 2)標識の位置が航路の中央であること。
特殊標識		Y	黄		黄	1)標識の位置が工事区域等の特別な区域の境界であること。 2)標識の位置またはその付近に、海洋観測施設があること。
北方位標識		BY	上部黒下部黄		白	1)標識の北側に可航水域があること。 2)標識の南側に岩礁、浅瀬、沈船等の障害物があること。 3)標識の北側に航路の出入口屈曲点、分岐点または合流点があること。
東方位標識		BYB	黒地に黄横帯		白	1)標識の東側に可航水域があること。 2)標識の西側に岩礁、浅瀬、沈船等の障害物があること。 3)標識の東側に航路の出入口屈曲点、分岐点または合流点があること。
南方位標識		YB	上部黄下部黒		白	1)標識の南側に可航水域があること。 2)標識の北側に岩礁、浅瀬、沈船等の障害物があること。 3)標識の南側に航路の出入口屈曲点、分岐点または合流点があること。
西方位標識		YBY	黄地に黒横帯		白	1)標識の西側に可航水域があること。 2)標識の東側に岩礁、浅瀬、沈船等の障害物があること。 3)標識の西側に航路の出入口屈曲点、分岐点または合流点があること。

海上保安庁図誌利用第 210035 号

2. 灯質

灯台、灯浮標や灯標などは色々なひかり方や、色々な光色で夜間その位置を航行中の船舶に知らせてくれます。そのひかり方や色のことを灯質といいます。

この灯質は決められた周期（秒単位）で休みなく繰り返されます。

色の記号は、白はW、赤はR、緑はG、黄はYで表します。

種　類	記　号	図　解	定　　義
不動光 (Fixed)	F	明間	一定の光度を維持し、暗間（灯光の消えている時間）のないもの
単せん光 (Single Flashing)	Fl	周期　暗間　明間	一個の光を一定の間隔で発し、暗間が明間（灯光のついている時間）より常に長いもの
群せん光 (Group Flashing)	Fl(2)	周期　明間　暗間	複数の光を一定の間隔で発し暗間の和が明間の和より常に長いもの
単明暗光 (Single Occulting)	Oc	周期　明間　暗間	一定の光度を持つ光を一定の間隔で1回発光し、明間が暗間より長いもの
等明暗光 (Isophase)	Iso	周期　明間　暗間	一定の光度を持つ光を一定の間隔で発し明間と暗間が同じもの
群明暗光 (Group Occulting)	Oc(2)	周期　明間　暗間	一定の光度をもつ光を一定の間隔で複数回発し、明間の和が暗間の和より長いか、または同じもの
互光 (Alternating)	Al	周期	異色の光を交互に発し、暗間のないもの

海上保安庁図誌利用第210035号

<標記の実例>

・Fl 10s 12m 11M…白閃光1回、10秒周期、水面から灯火のまでの高さ12 m、光達距離11マイルの灯台の灯質を示します。

・Fl (3) R 15s 12m 11M…紅群閃光3回、15秒周期、以下上に同じ。

・Iso 10s…等明暗（白黒）、10秒周期　の灯浮標などの灯質を示します。

・Al WG 12s…　白と緑の互光、12秒周期　の灯浮標などの灯質を示します。

Ⅲ−7 海図用具とその使い方

大型船には、夜間海図照明用の光線が操舵室に漏れないように海図室があり、海図のみを照明するスタンド（伸縮移動自由）の付いた、木製の大きな海図台（チャートテーブル）がありますが、プレジャーボートにはありませんので、ここでは省略して、直接使用する用具とその使用法を少し詳しく説明します。

1．鉛筆と消しゴム

海図は、陸上の地図と同じようにいつの間にか新しい道路ができたり、街の景色が変わるように、海上や沿岸でも（陸上の顕著な建物も）同じように変化しています。したがって海図も永年改訂せずに使用することは危険です。かといって毎年買い換える必要もなく、その海域で大きな変化があったような時に買い換えるようにすればよいでしょう。

したがって、２～３年は１枚の海図を使うことになります。海図に航海計画などを記入するときはなるべく柔らかい鉛筆（Ｂまたは２Ｂ）で書き込み、航海が終わったらそれを消しゴムで消して、また同じ海図を使用するようにします。海図の勉強をするときも同じですからボールペンではなく鉛筆を使ってください。

定規にそって鉛筆で線を引こうとする時、定規をその点の真上にあわせて引けば、鉛筆の芯の半径分だけずれます。したがって、あらかじめ定規をその点から芯の半径分だけずらしてから引けば、その点の上を通る線が引けます。正確なチャートワークをするためには大変重要なことです。この誤差を少なくするためには、鉛筆をいつも細く削っておくか、プロがするように鉛筆の先を平板状にうすく削るのもいいでしょう。

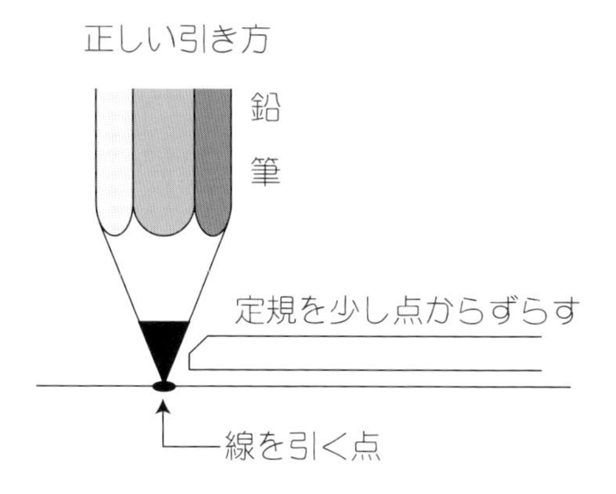

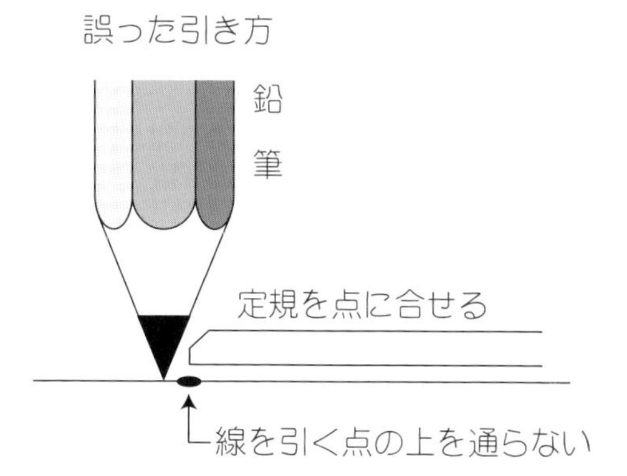

2．三角定規

海図用三角定規は、二枚一組となっています。

通称Ａ定規とＢ定規といわれていますので、本書でも以後そのように呼ぶことにします。

(1) Ａ定規

直角と60度と30度からなる三角形で、相当な厚さ（1～2 mm）があります。今後の説明のために、下図に示すように各辺をそれぞれA-a、A-b、A-c、とします。また、A-a辺の片面に辺と平行な線が彫りこんであります（ない定規もあります）。この線をA-a´とします。この線をうまく使えばより正確により早く作業ができるので、できるだけ利用してください。

ただし、厚い定規の片面に描かれているので、使い方によっては下図のようにかなりの誤差（視差）が出るのでA-a´の線が下面になるようにして使ってください。

Ａ定規のA-a（またはA-a´）をコンパスやコースライン（針路線）に当てて、A-bを固定したＢ定規に沿わして平行移動させるのが基本的な使用法です。（詳しくは定規の使い方の項で説明します）

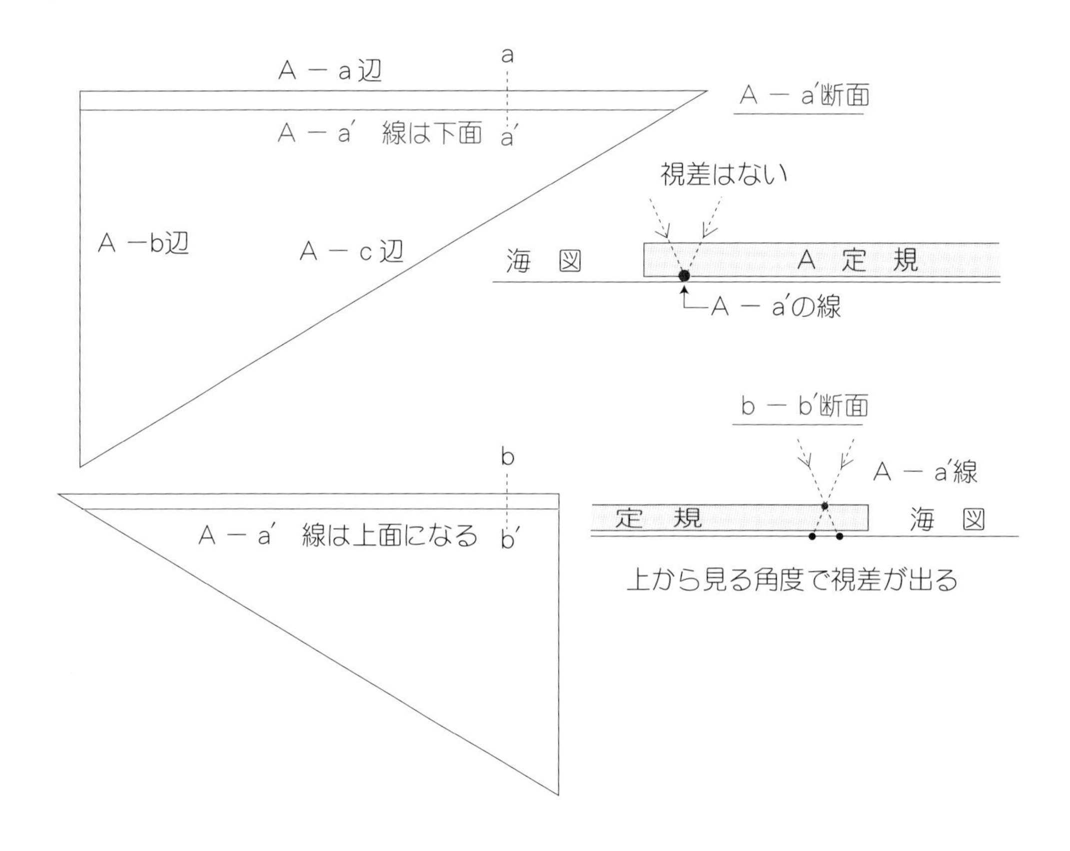

(2) B定規

直角、45度、45度の二等辺三角形です。この定規には線は入っていないので、A定規のように面の上下を考える必要はありません。

この定規も各辺を、下図の通りB-b、B-c、とします。

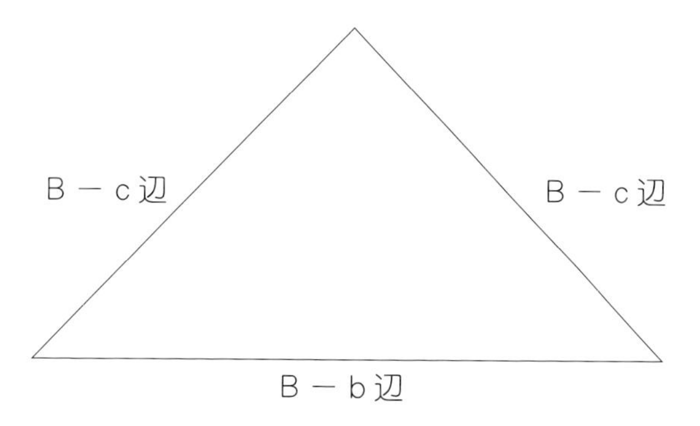

(3) A定規とB定規の組み合わせ使用法：（最重要）

A定規とB定規は下図の通り、何時でも一体となったように組み合わせて使うことが、チャートワークを理解する第一歩で、最も重要なポイントです。B-b辺を土台として、A-bをこれに当ててA-a（A-a´）を必要な箇所へ自由に平行移動するのが、組み合わせの基本です。

(3)－1. 基本的な組み合わせ（A-aをどの方向に合わせてもA-bとB-bを離さない）

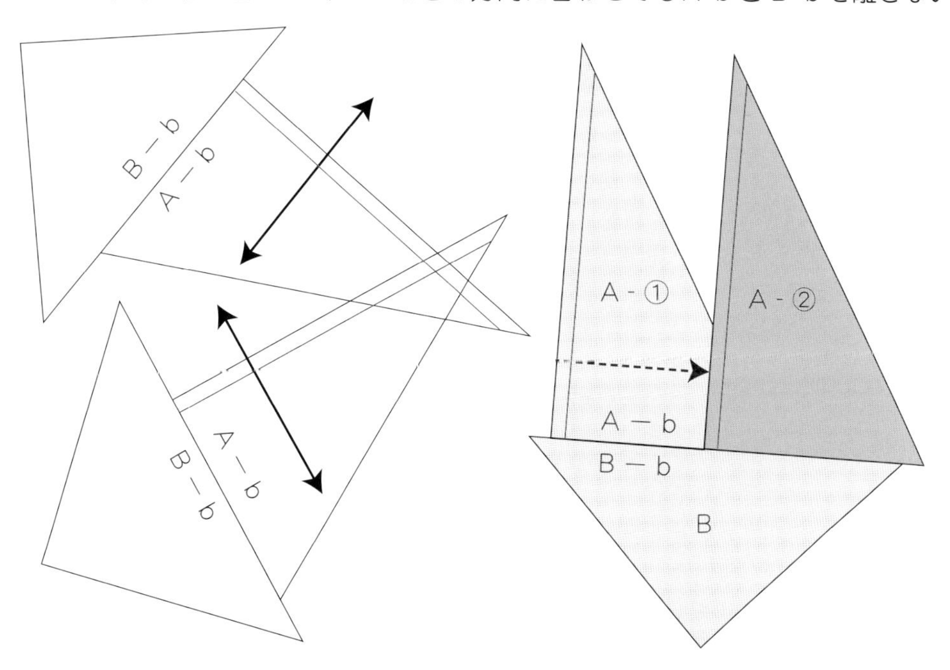

(3)－2. 方位を決めて、その方位の線を引く。

<例－1>　甲点から磁針方位 048 度のコースラインを引く。

手順　①　A-a（または　A-a′以下同じ）をコンパス図の中心と内側目盛の 048 °に合わせる。（このとき前述したように、048 °と反方位の 228 °を合わせる方が合わせやすく、さらに誤差が少なくなります）

②　A-b にB-b を合わせる。

③　A定規のA-a を甲地点まで移動させせる。

④　A-a を甲点から少しずらして、甲地点から 048 °の方向に線を引く。

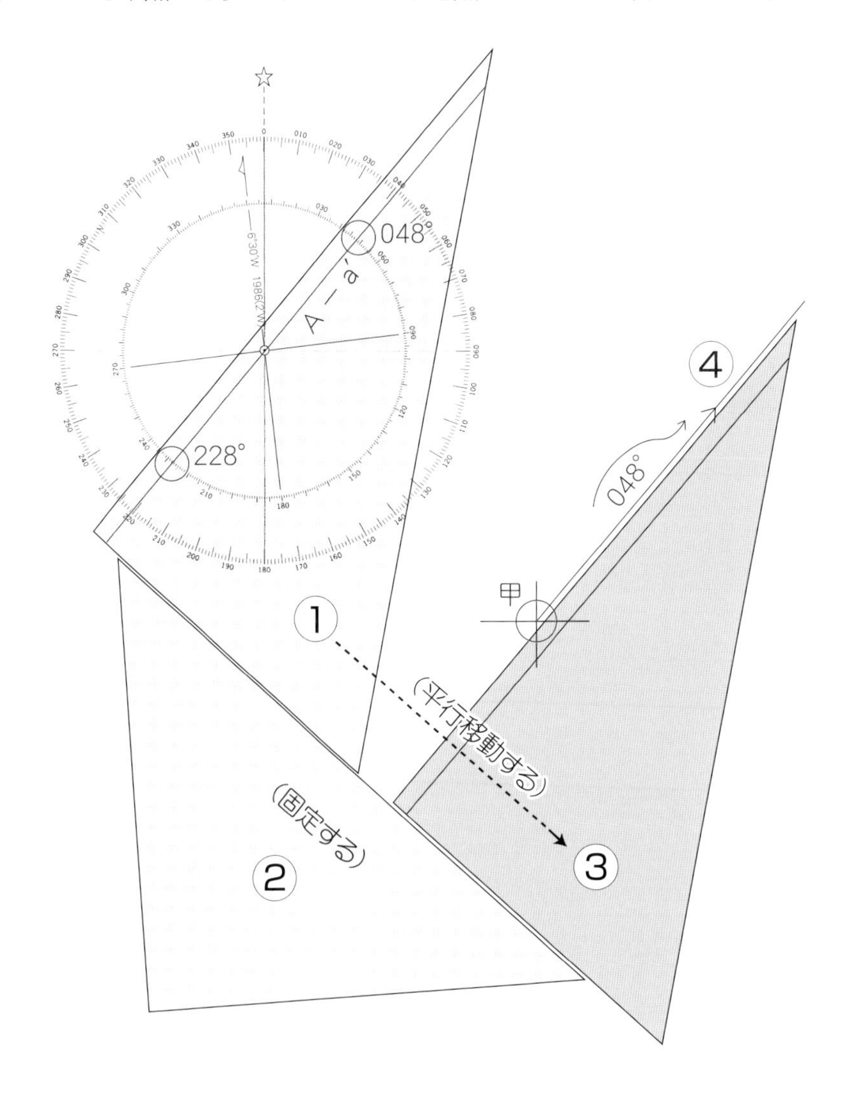

(3)－3．海図上の2点の方位を測る。

<例－2>　甲点から乙点は磁針方位で何度か。

手順　①　A-a´を甲点と乙点に合わせる。

②　A-bにB-bを合わせる。

③　A-a´がコンパス図の中心に合うまで移動する。

④　A-a´がコンパス図の中心に合ったら、甲から乙の方向の内側の方位（磁針方位）の目盛を読む。（磁針方位210°）

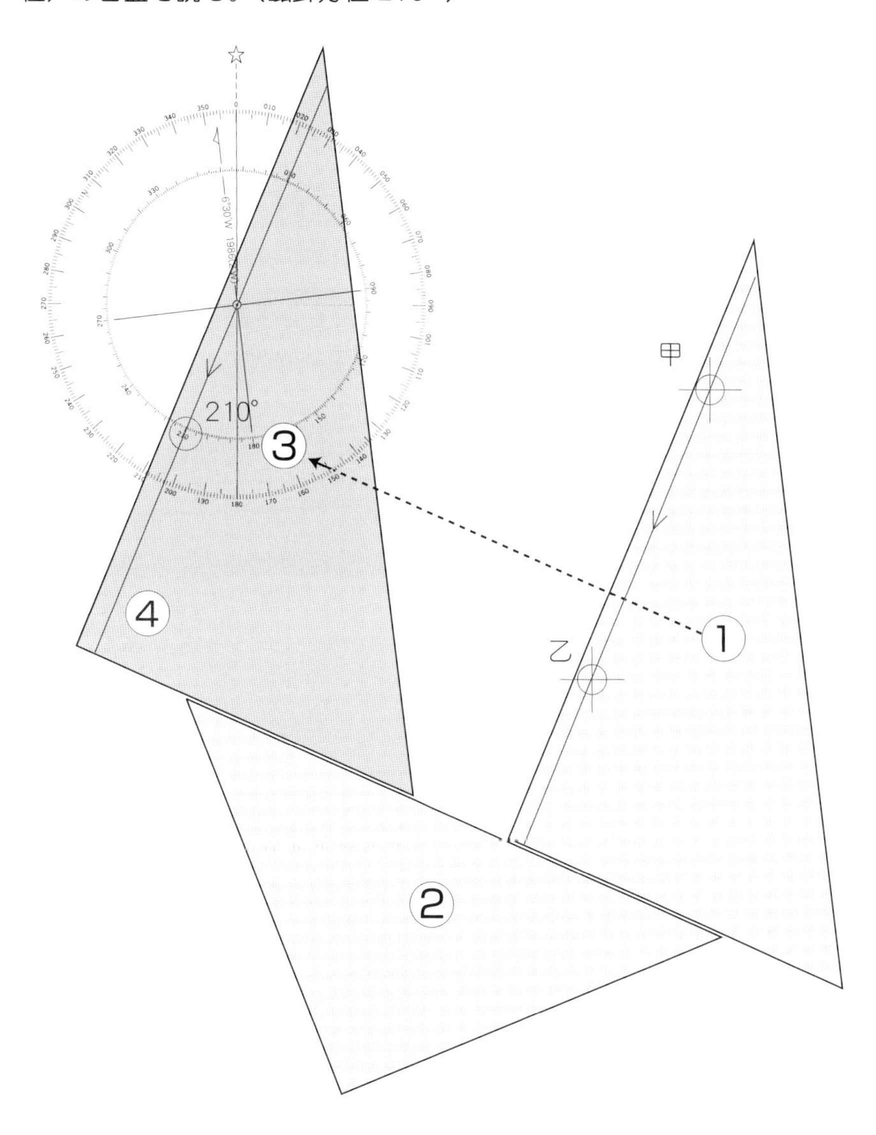

(3)－4. 例－2　のように定規の移動が1回の移動では、目標やコンパス図に届かない時の、2枚の定規の使い方。

＜例－3＞　甲山頂と乙灯台の重視線の磁針方位は何度か。

手順　①　A定規のA-a´を甲と乙に合わせる。

＊この場合、A定規は1回の移動でコンパスローズまで届かないので、

②　A-bにB-bを合わせる。

③　A定規を重視線とコンパスローズの中間くらいまで移動する。

④　A定規を固定して、B-bをA-aに合わせる。合わせるB定規の位置はA定規の移動先を考えて決める。

⑤　A定規を、コンパスローズ全体をカバーできる位置まで移動する。

＊　A定規を1回の移動で足りない時は、B-bとA-aを合わせたまま、一旦A定規を固定してB定規を移動させてから、更にA定規を移動させればよい。

⑥　A定規を固定して、A-bにB-bを合わせる。

⑦　B定規を固定して、A定規のA-a´をコンパス図の中心に合わせて、重視線の磁針方位326°を読む。

※　重視線の方位は海上の船から見た方位ですから、常に海から陸上に向かった方位です。

<例－３図>

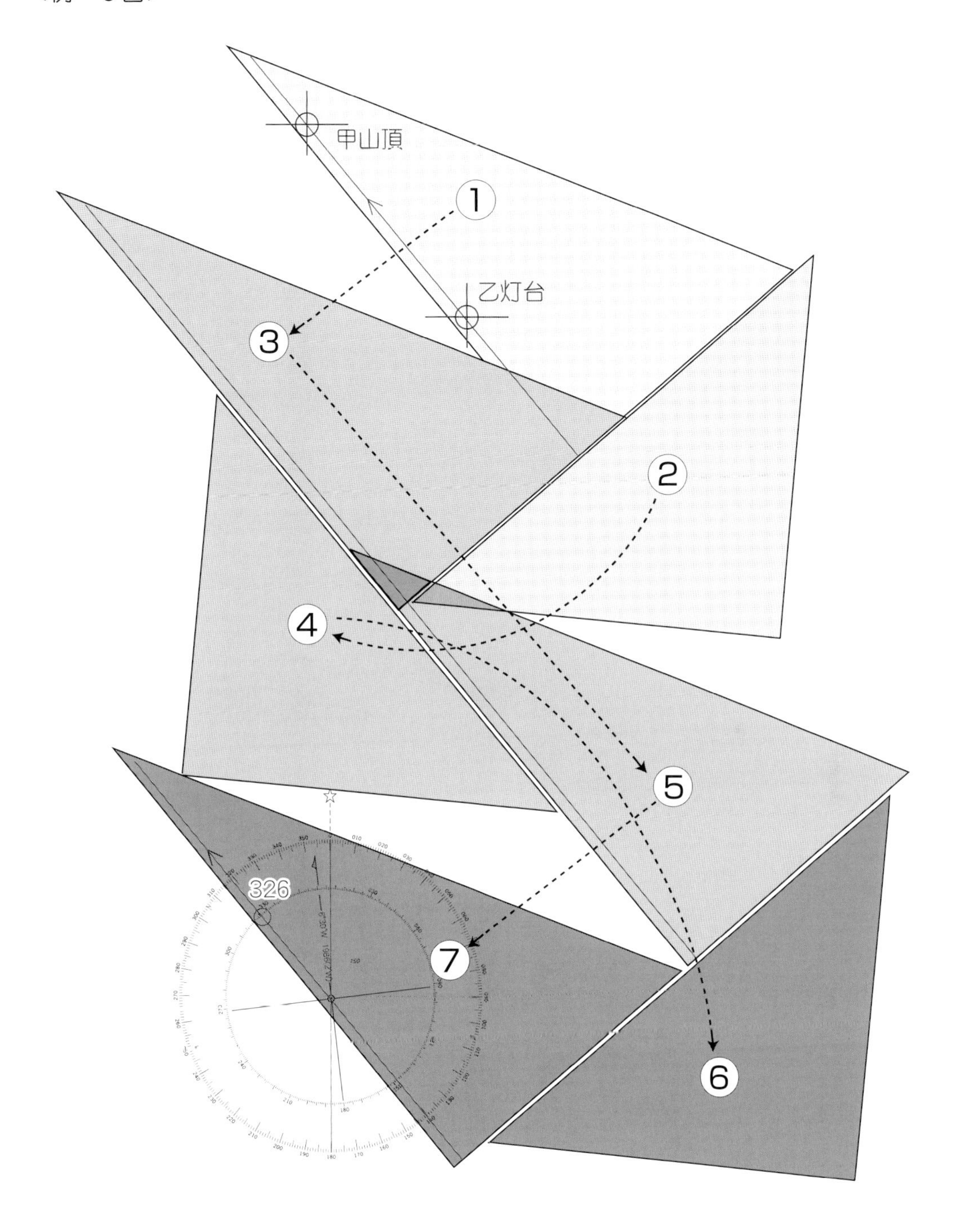

＜例－4＞　甲灯台を 190°にみる線を引く。（A定規を 1 回の移動で行う）。

手順　①　A-a´を中心と 190°に合わす。

②　A-b　にB-b　を合わす。

③　A-a　を甲灯台まで移動する。

④　灯台に向けて線を引く（このとき A 定規は灯台から少しずらす）。

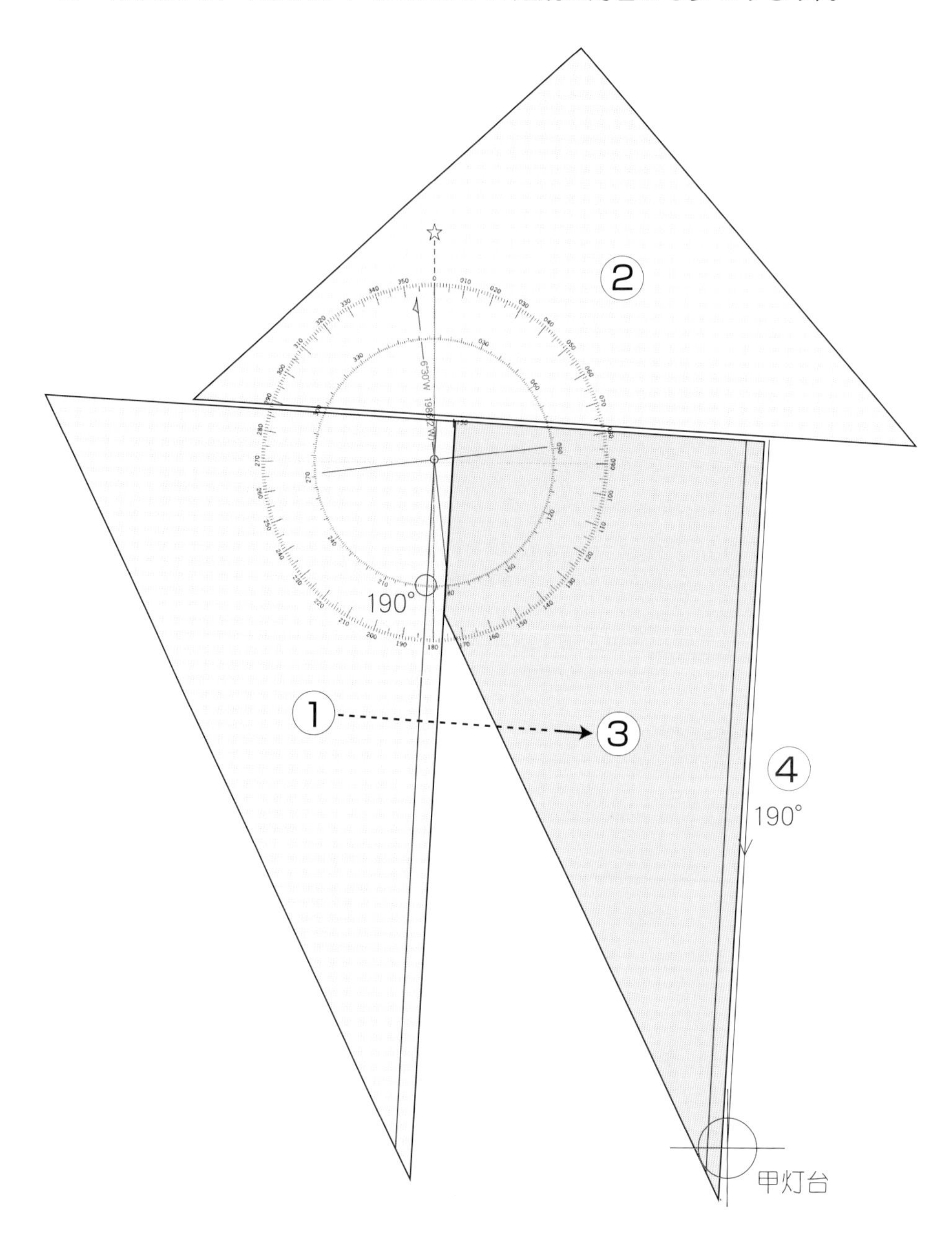

3. デバイダー

デバイダーは、鋼製で両先端が尖っており、二股で開閉は自由となっています。海図の左右の緯度尺（緯度目盛）で距離（マイル）を測ったり、緯度尺で測った距離を海図に記入する時に使用します。

二股の開閉のかたさは、かた過ぎてもゆる過ぎても誤差が出やすいので、適当なかたさに調整ネジで調整してください。

適当なかたさとはデバイダーを、箸を持つ要領で持って、少し力を入れて片手で開閉できるかたさを目安にしてください。

また、デバイダーを大きく開いて使用すると、測定誤差が出やすいので、そんな時には何回かに分けて測ってください。例えば 25 マイルを測る時には、10 マイルに合わせたデバイダーを 2 回と残りの分の 5 マイルを測るというようにします。

片方の先端に鉛筆の芯が取り付けてあるものもありますが、これ等は一般に小型のものが多く、半円など描くには便利ですが、デバイダーとしてはあまり適当ではないと思います。もし、デバイダーとして使う時には鉛筆の芯は常に細く削って使ってください。

先端が手足などに刺さると危険ですから、取り扱いには注意し、使用しない時はケースに入れておくよう習慣付けてください。

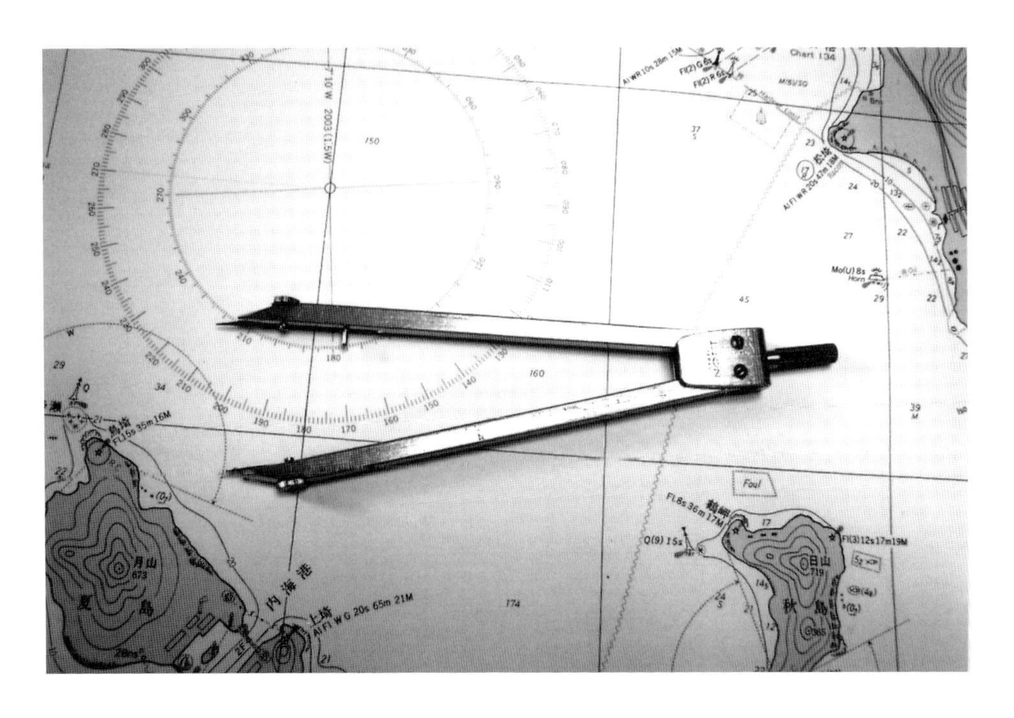

Ⅳ　航海計画を海図に記入しよう！（チャートワーク）

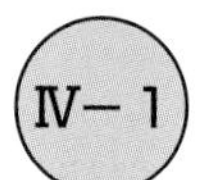

Ⅳ－1　海図に船位（船の位置）を入れる

海図に船位を入れるには、方位線と距離、方位線と方位線、重視線と方位線、緯度と経度で入れる方法があります。いずれも定規とデバイダーを使って記入しますが、これ等の作業を総称してチャートワークといいます。

1．方位線と距離で入れる

＜例－５＞　図中の秋島の犬埼灯台を磁針方位 065°、距離 3.4 マイルに見るＡ点を入れる。これは、ある地点から磁針路 065°で、3.4 マイル走った位置（推測位置）を入れるのも同じことです。

手順

①　Ａ定規をコンパスローズと犬埼灯台をカバーする位置で、A- a´を 065°と中心と 245°に合わせる。

②　A-b と B- b を合わせる。

③　A-a を犬埼灯台に合わせる（鉛筆の芯分だけずらして）。

④　犬埼灯台を 065°に見る線を引く（少し長めに）。

⑤　デバイダーを緯度目盛の 3.4´に合わせる。

⑥　そのデバイダーの片足を犬埼の灯台に合わせ、灯台を 065°に見る線上に片足を合わせて＋印をつける。

⑦　その位置に○印をしてＡ点と記入する、通常、航海中は位置を測定した時間を記入します。

<例－５図>

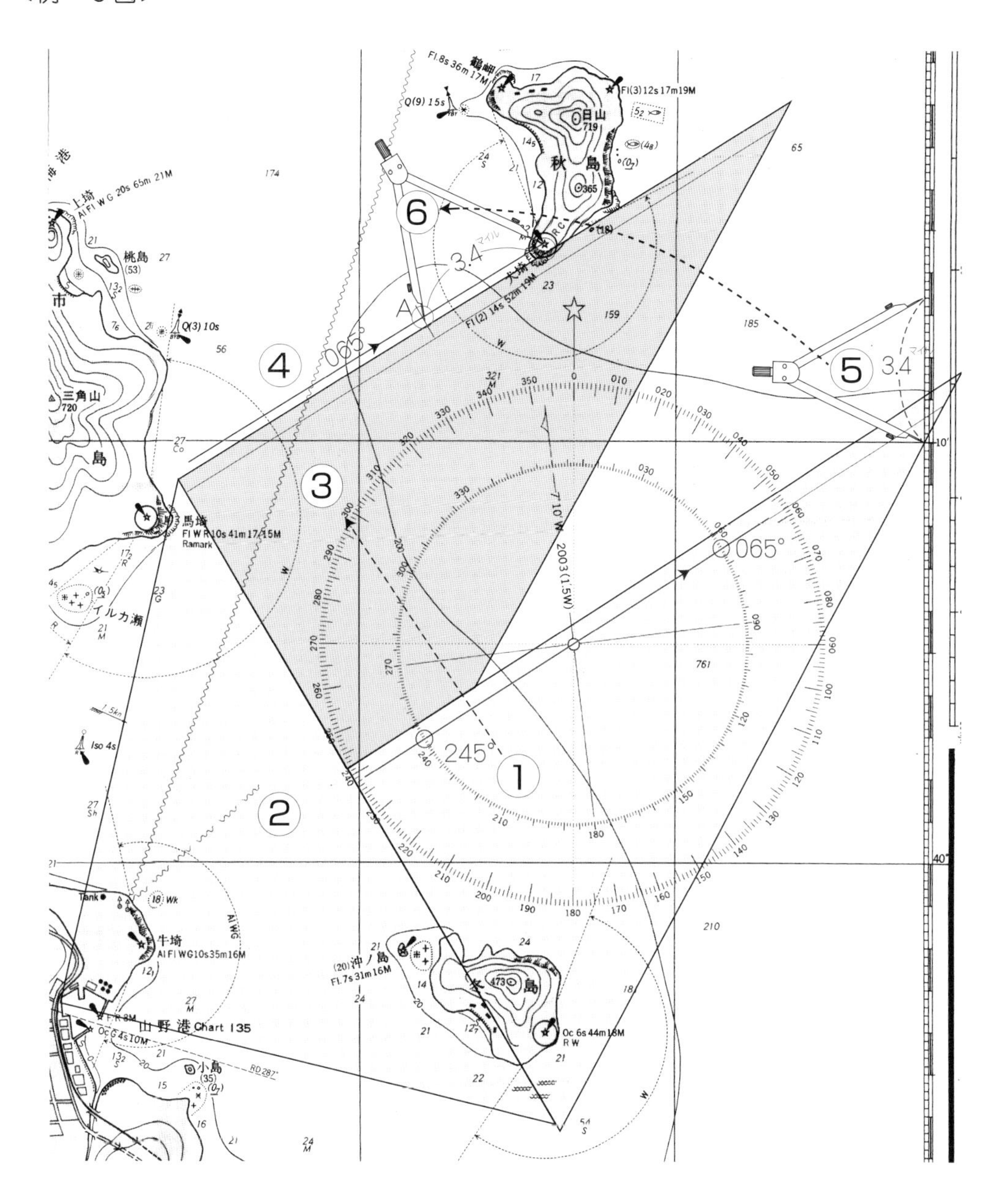

① 245°
②
③
④ 065°
⑤ 3.4
⑥ 3.4
065°
秋島
日山
719
馬埼
Fl W R 10s 41m 17,15M
Ramark
牛埼
Al Fl WG 10s 35m 16M
山野港 Chart 135
小島
沖ノ島
Fl.7s 31m 16M
Oc 6s 44m 18M
R W
三角山
720
桃島
イルカ瀬
上埼
Al Fl W G 20s 65m 21M
Fl(3) 12s 17m 19M
Fl(2) 14s 52m 19M
Fl.8s 36m 17M
Q(9) 15s
Q(3) 10s
Iso 4s
7°10′W 2003(1.5W)

2．方位線と方位線で入れる（クロス方位法・クロスベアリング法）

＜例－６＞　青埼灯台を磁針方位 324°、黒埼灯台を磁針方位 040°に見るＢ点を入れる。

手順

＜図の１＞

①　Ａ定規の A-a´をコンパスローズの中心（または 144°）と 324°に合わせる。

②　A-b に B-b を合わせる。

③　Ｂを固定してＡ定規の A-a を移動して青埼灯台に合わせる。

④　灯台に向かって 324°の線を長めに引く。

＜図の２＞

⑤　改めて、Ａ定規の A-a´を 040°と中心（または 220°）に合わせる。

⑥　A-b に B-b を合わせる。

⑦　Ｂを固定してＡ定規を移動して、A-a を青埼灯台に合わせる。

⑧　灯台に向かって 040°の線を長めに引く。

⑨　324°の線と 040°の線の交差した点がＢ点である、そこに○印をして横にＢと記入する。

<例－6図の1>

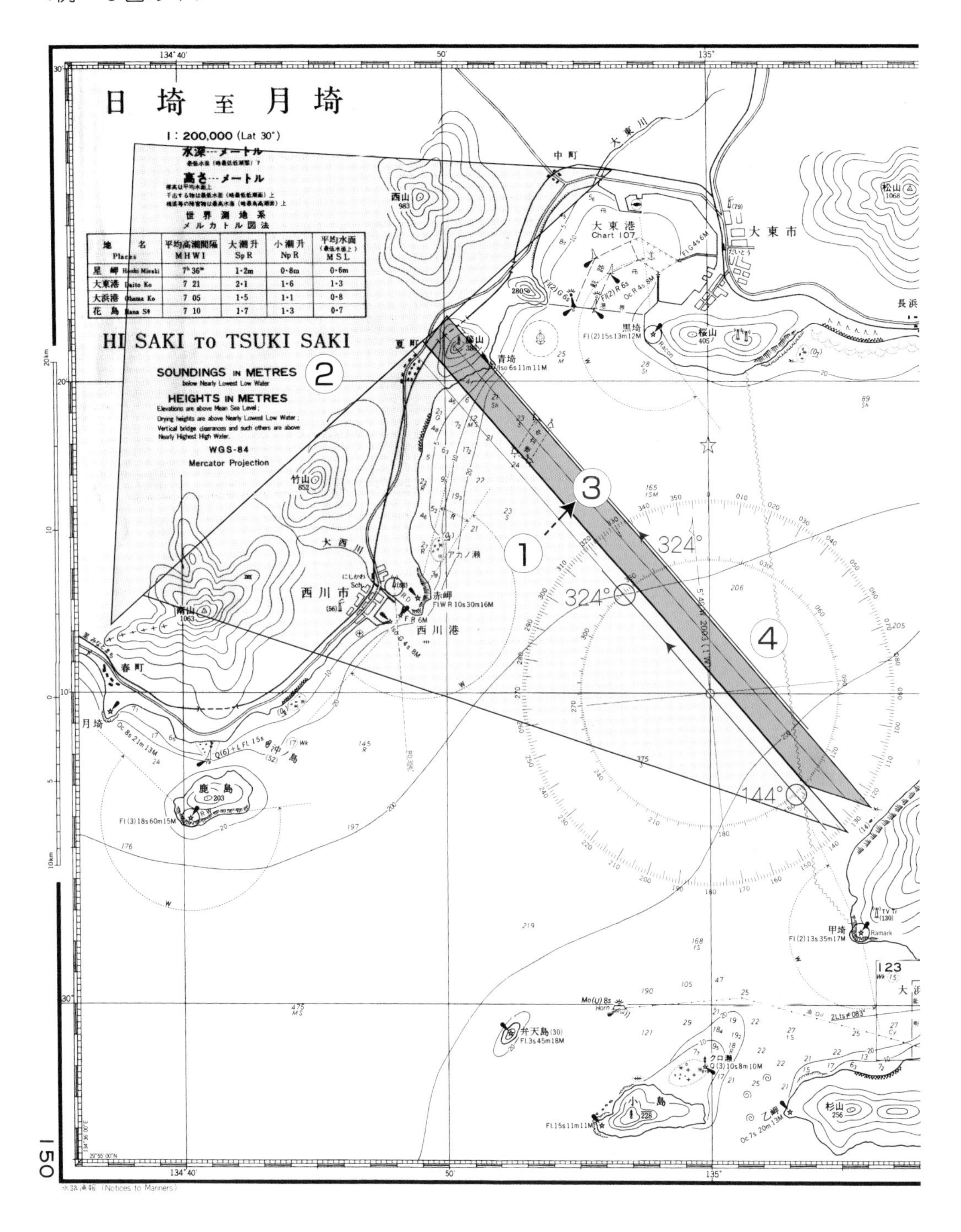

日 埼 至 月 埼
1 : 200,000 (Lat 30°)
水深…メートル
高さ…メートル
世界測地系
メルカトル図法
地名 Places | 平均高潮間隔 MHWI | 大潮升 SpR | 小潮升 NpR | 平均水面 MSL
星岬 Hoshi Misaki | 7h 36m | 1·2m | 0·8m | 0·6m
大東港 Daito Ko | 7 21 | 2·1 | 1·6 | 1·3
大浜港 Ohama Ko | 7 05 | 1·5 | 1·1 | 0·8
花島 Hana Se | 7 10 | 1·7 | 1·3 | 0·7
HI SAKI TO TSUKI SAKI
SOUNDINGS IN METRES
below Nearly Lowest Low Water
HEIGHTS IN METRES
Elevations are above Mean Sea Level ;
Drying heights are above Nearly Lowest Low Water ;
Vertical bridge clearances and such others are above Nearly Highest High Water.
WGS-84
Mercator Projection
134°40′
50′
135°
中町
大東川
西山 983
大東港 Chart 107
大東市
松山 1068
長浜
夏町
青埼
黒埼
桜山 405
竹山 852
大西川
西川市
赤岬
西川港
南山 1063
春町
月埼
鹿島 203
沖ノ島
弁天島
小島
クロ瀬
乙岬
杉山 256
甲埼
大浜
324°
144°
1
2
3
4
150
水路通報（Notices to Mariners）

＜例－６図の２＞

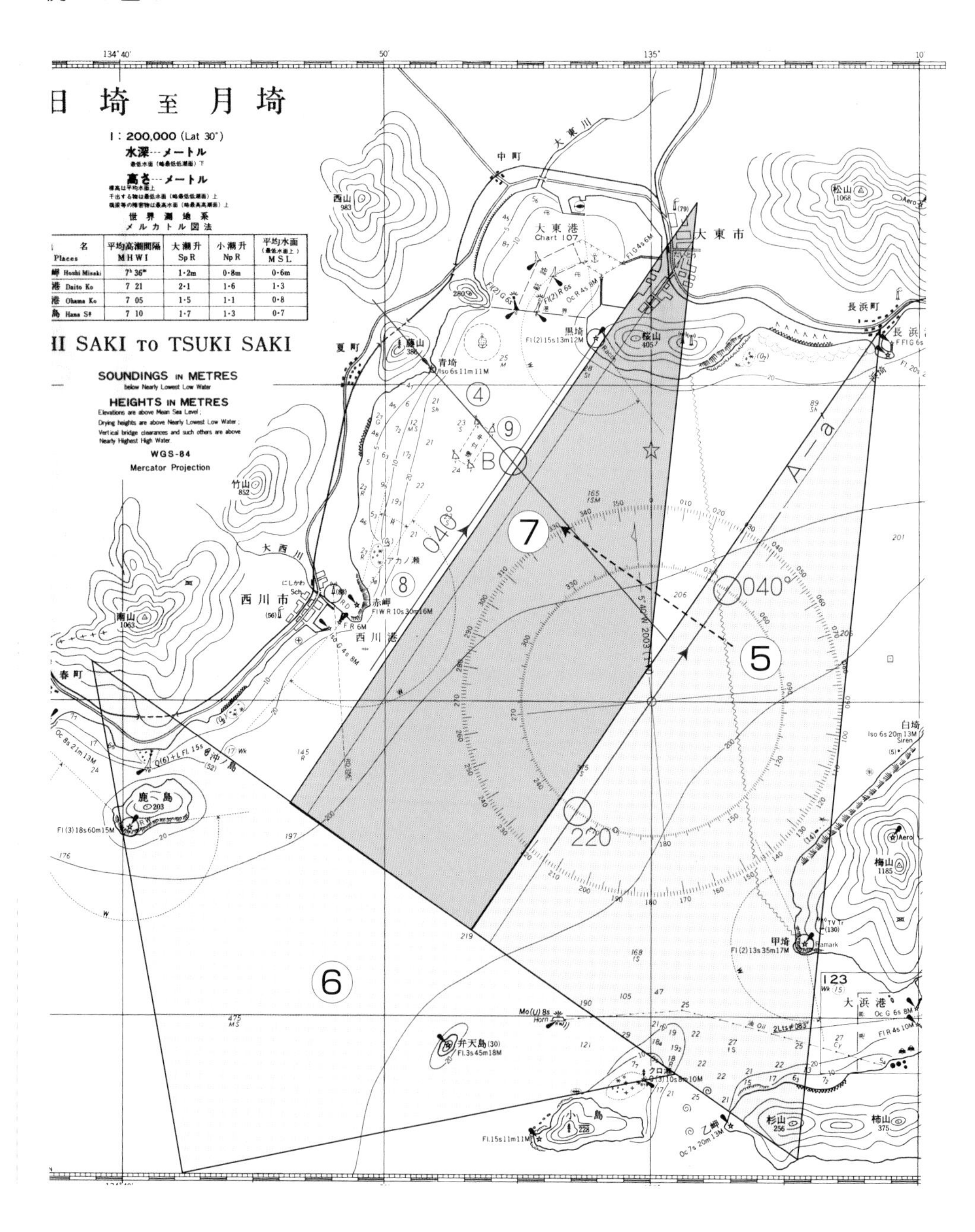
日 埼 至 月 埼
1 : 200,000 (Lat 30°)
水深…メートル
高さ…メートル
世 界 測 地 系
メルカトル図法
II SAKI TO TSUKI SAKI
SOUNDINGS IN METRES
below Nearly Lowest Low Water
HEIGHTS IN METRES
WGS-84
Mercator Projection
134°40′
50′
135°
10′
大東川
中町
大東港
Chart 107
大東市
松山
1068
西山
983
長浜町
黒埼
桜山
405
夏町
青埼
Iso 6s 11m 11M
竹山
852
大西川
西川市
赤岬
Fl W R 10s 30m 16M
西川港
南山
1063
春町
鹿ノ島
203
Fl (3) 18s 60m 15M
白埼
Iso 6s 20m 13M
梅山
1185
甲埼
Fl (2) 13s 35m 17M
大浜港
弁天島(30)
Fl.3s 45m 18M
クロ瀬
乙岬
Oc 7s 20m 13M
杉山
256
柿山
375
Fl.15s 11m 10M
アカノ瀬
A－a
B
040°
220°
4
5
6
7
8
9

3．重視線と方位線で入れる（クロスベアリング法）

重視線には方位誤差が入らないので、<例－２>より正確な位置を得られます。更に重視線と重視線で入れた位置はより正確です。

<例－７>　下図の西山山頂と青埼灯台を重視し、黒埼灯台を磁針方位 040°に見る位置、C点を記入する。

手順

① 西山山頂と青埼灯台を重視する線を長めに引く。

② A定規の A-a´を 040°と 220°を合わせる。

③ A-b に B-b を合わせる。

④ B 定規を固定して、A定規を黒埼灯台まで移動する。

⑤ 灯台に向かって 040°の線を引く。

⑥ 重視線と 040°の線が交差した点がC点である、ここに○印をつけて横にCと記入する（航海中は測定した時間を記入する）。

<例－7図>

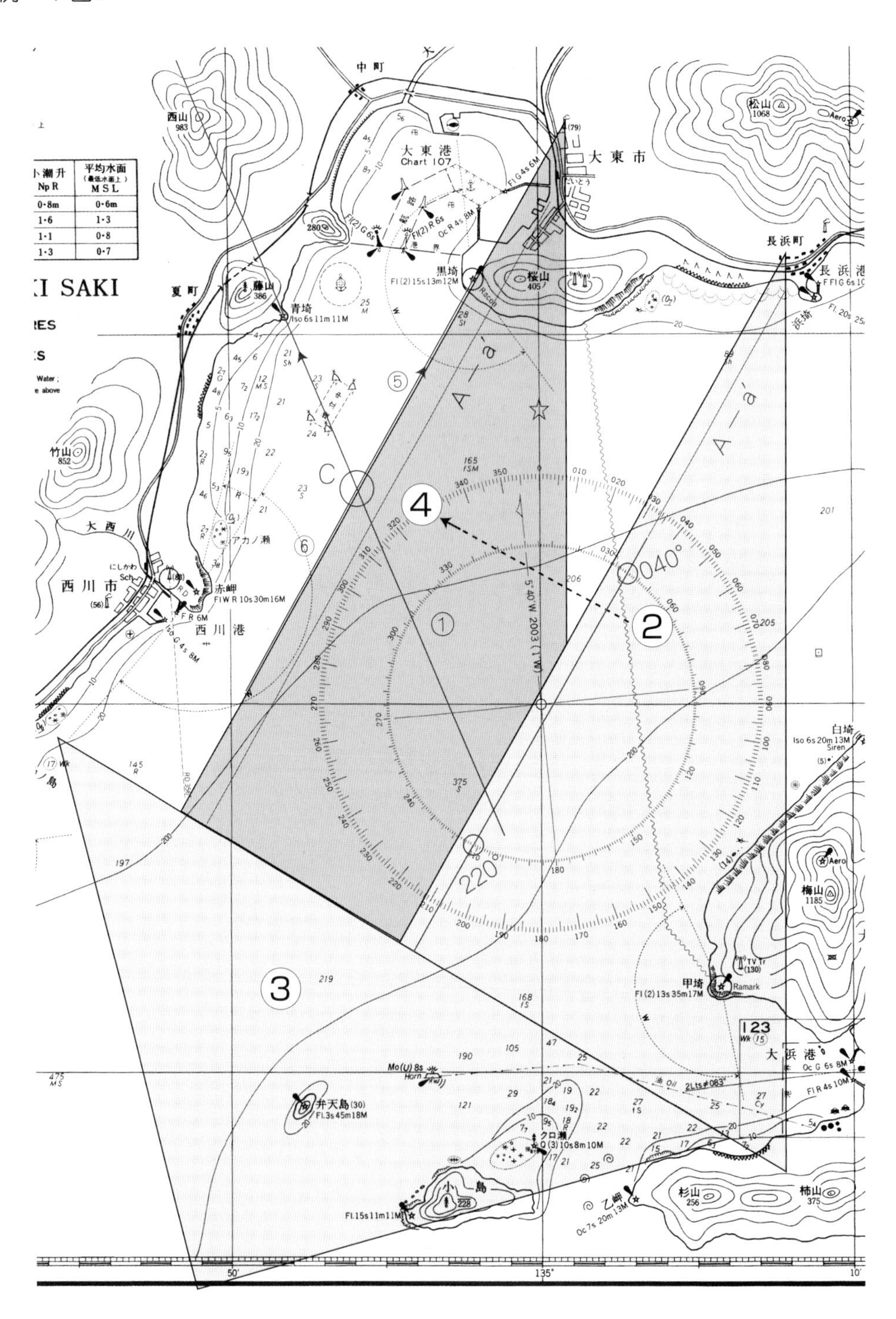

中町
西山
983
大東港
Chart 107
大東市
松山
1068
長浜町
長浜港
小潮升
平均水面
Np R
MSL
0·8m
0·6m
1·6
1·3
1·1
0·8
1·3
0·7
KI SAKI
夏町
藤山
386
青埼
Iso 6s 11m 11M
黒埼
Fl (2) 15s 13m 12M
桜山
405
Racon
竹山
852
大西川
アカノ瀬
西川市
赤岬
Fl W R 10s 30m 16M
F R 6M
西川港
Iso G 4s 8M
A—a′
5°40′W 2003 (1′W)
040°
220°
白埼
Iso 6s 20m 13M
Siren
梅山
1185
甲埼
Fl (2) 13s 35m 17M
Ramark
TV Tr
大浜港
Oc G 6s 8M
Fl R 4s 10M
Mo(U) 8s
Horn
弁天島(30)
Fl.3s 45m 18M
クロ瀬
Q (3) 10s 8m 10M
小島
228
Fl.15s 11m 11M
乙岬
Oc 7s 20m 13M
杉山
256
柿山
375
50′
135°
10′

4. 緯度と経度で入れる

＜例－８＞　北緯 40°－ 07.5′、東経 140°－ 04.0′の位置を入れる。

手順

まず緯度の線を入れます。　＜例－８図の１＞

① Ａ定規を緯度目盛にかかるように位置を決めて、A-a′を近い海図の緯度線（ここでは 40°－ 10.0′の線）に合わせる。

② A-b と B-b を合わせる。

③ Ｂ定規を固定して、Ａ定規の A-a を緯度目盛の 40°－ 07.5′に合わせて、40°－ 07.5′の線を長めに引く。

次に経度線を入れます。　＜例－８図の２＞

④ 改めて、Ａ定規を経度目盛にかかるように位置を決めて、A-a′を近い海図の経度線（ここでは 140°の線）に合わせる。

⑤ A-b と B-b を合わせる。

⑥ Ｂ定規を固定して、Ａ定規の A-a を経度目盛の 140°－ 04.0′に合わせて、140°－ 040′の線を長めに引く。

⑦ 引いた２本の線の交点が求める位置である、ここに○印をする。

※　経度を入れるのに、デバイダーで 140°と 140°－ 040′の間隔を経度目盛で測って、それを 40°－ 07.5′の線上にとって、＋印して求める位置とするのも別の方法です。⑧～⑨

<例－8図の1>

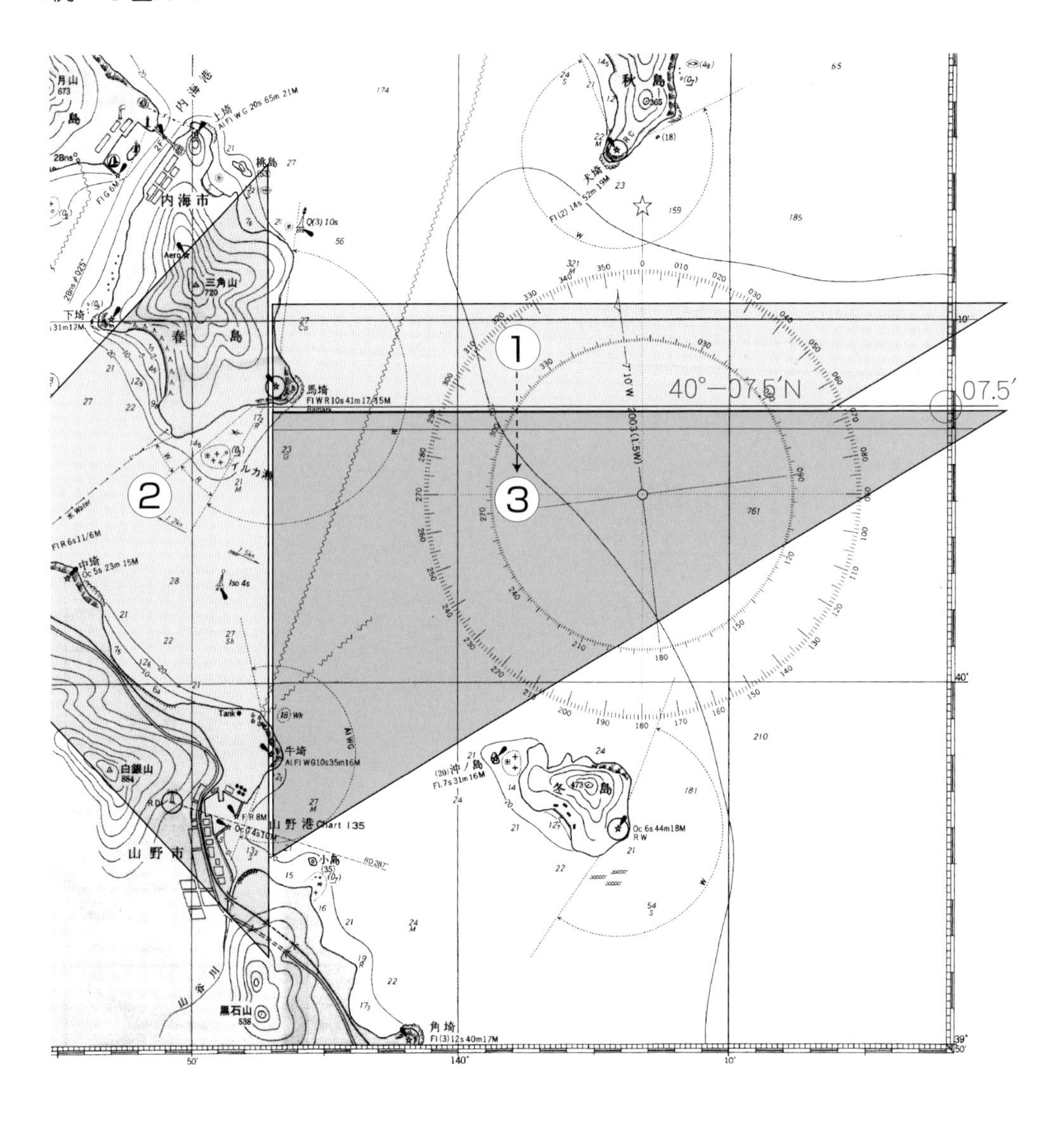

1
2
3
40°−07.5′N
07.5′
7°10′W 2003(1.5W)
月山 673
内海港
上埼
Al Fl W G 20s 65m 21M
桃島
内海市
三角山 720
春島
下埼
馬埼
Fl W R 10s 41m 17,15M
イルカ瀬
中埼
Oc 5s 23m 15M
Iso 4s
牛埼
Al Fl W G 10s 35m 16M
白銀山 884
山野港 Chart 135
山野市
小島
黒石山 538
角埼
Fl(3)12s 40m 17M
秋島
大埼
Fl(2)14s 52m 19M
冬島
沖ノ島
Fl 7s 31m 16M
Oc 6s 44m 18M
R W
50′
140°
10′
40′
39°50′

<例－8図の2>

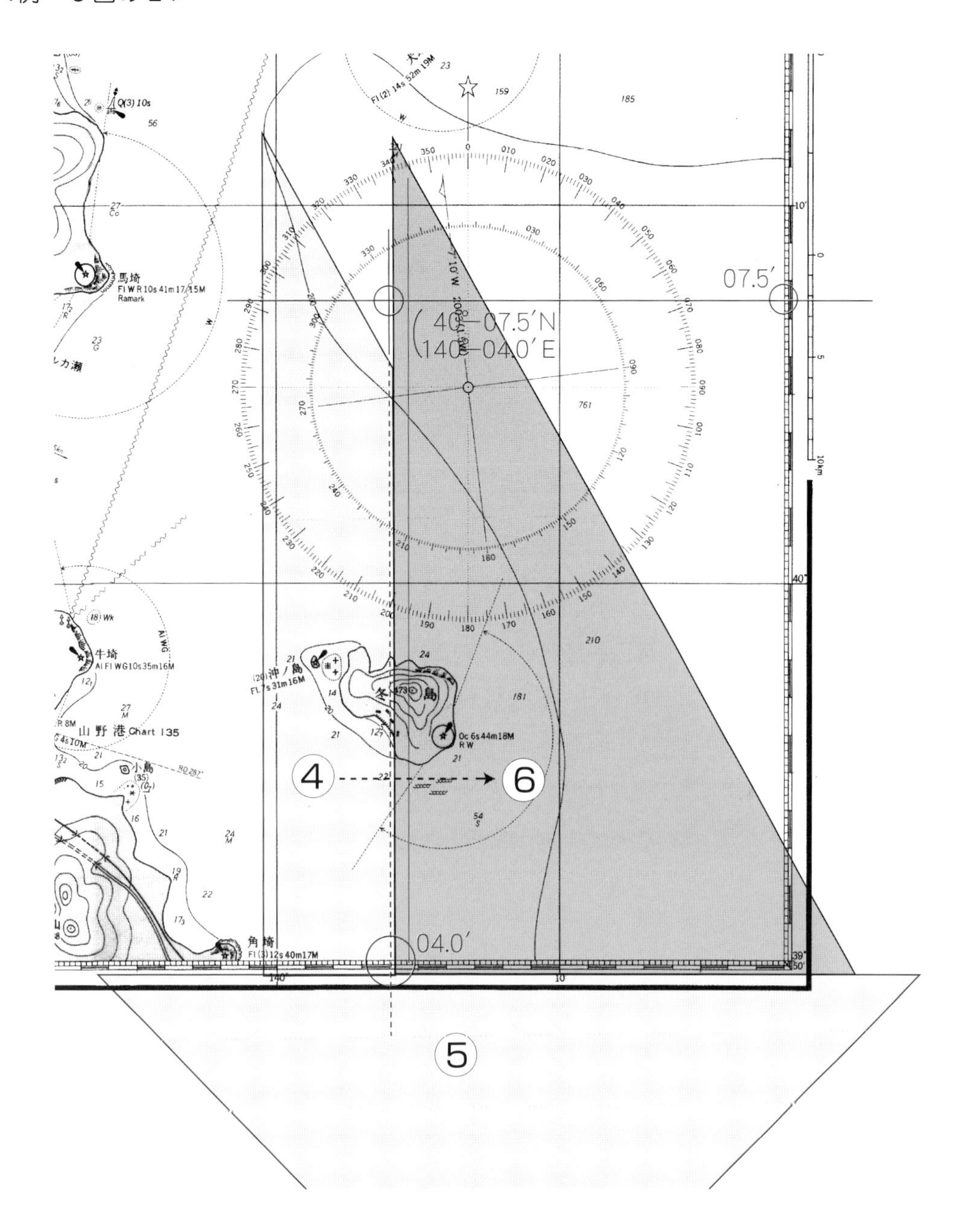

07.5′
40−07.5′N
140−04.0′E
04.0′
4
6
5
馬埼
Fl W R 10s 41m 17/15M
Ramark
牛埼
Al Fl W G 10s 35m 16M
沖ノ島
Fl 7s 31m 16M
冬島
Oc 6s 44m 18M
R W
山野港 Chart 135
小島
角埼
Fl (3) 12s 40m 17M
Fl (2) 14s 52m 19M
Q(3) 10s
7°10′W

5. 緯度と経度を読む

基本的には、緯度と経度を記入するのと同じ考え方で、手順を逆にするだけで、A定規のA-a′をいかに正確に緯度線または経度線に合わせるかがポイントになります。

＜例－９＞　図中、甲点を緯度と経度で表せ。

手順　緯度線を引く。

①　40°－10.0′に合わせたA-a′を甲点に移動して緯度目盛を読む。

＜例－９図の１＞

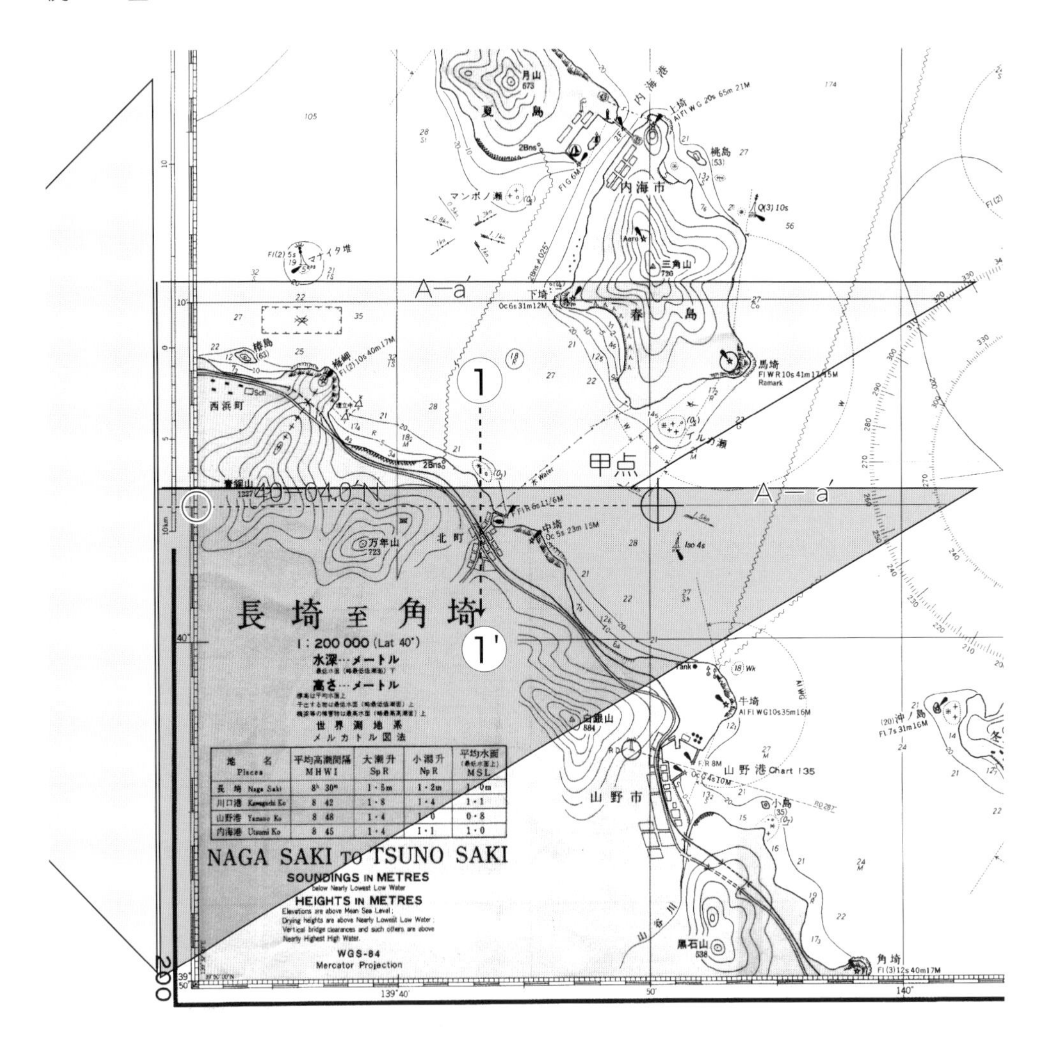

手順　経度線を引いて位置決定する

②　140°に合わせたA-a′を甲点に移動して経度目盛を読む。

<例－9図の2>

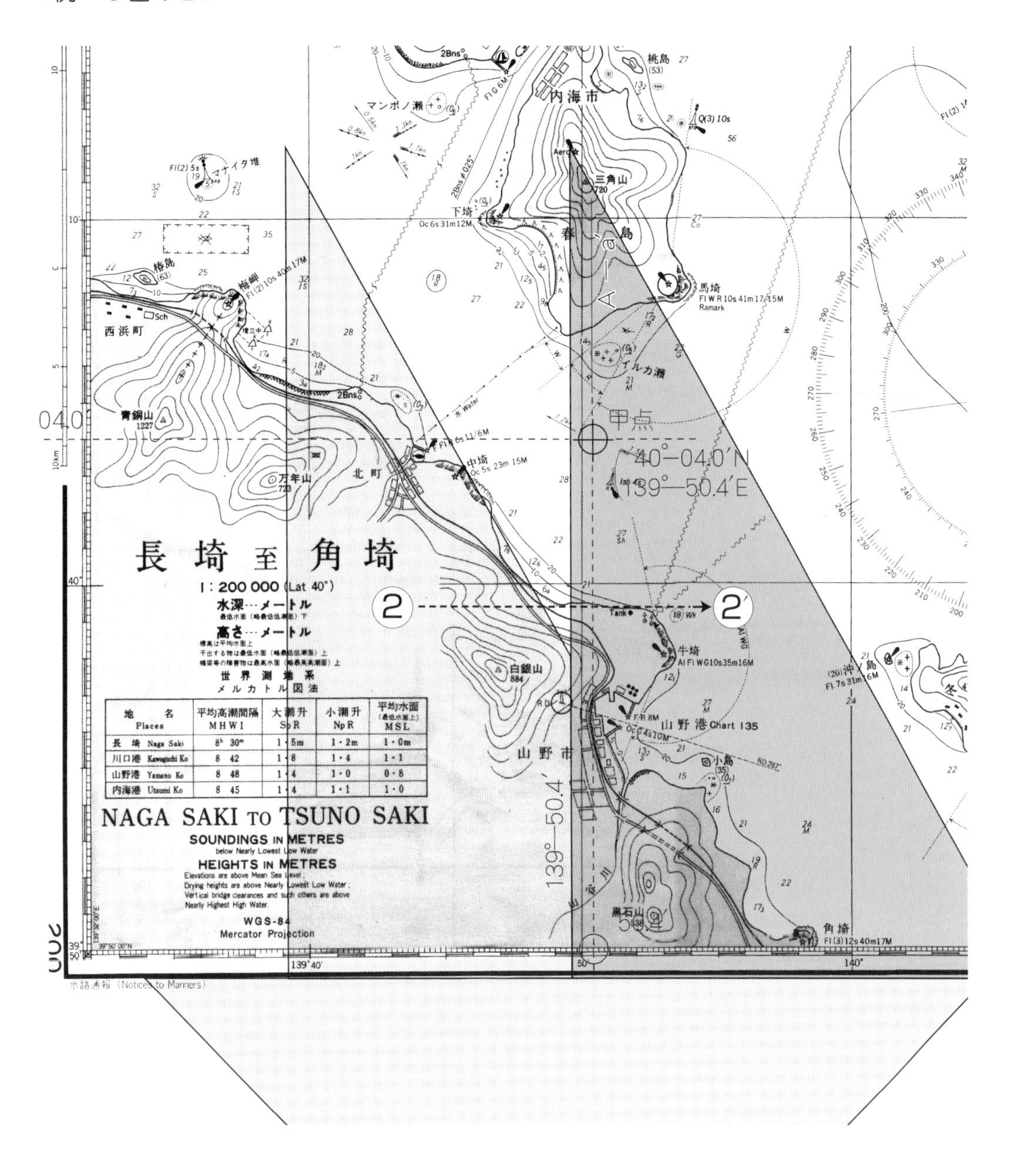

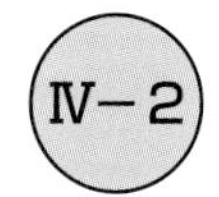

針路と変針点

1．コンパス針路（方位）と磁針路（方位）

各船に設備されている磁気コンパスの自差は完全に修正できず残存しています。自差は各船によって異なり、更にその船の船首方向によって異なります。したがって完全に自差を修正するにはその船の自差曲線を作らなければなりません。幸いにもプレジャーボートは船体がＦＲＰで磁気には感応しないので、鋼製の船のように船体による大きな自差は発生しません。

しかし、プレジャーボートでも自差はありますので、コンパス針路（方位）は自差を修正して、磁針方位に直さなければ海図に記入することはできません。

修正の方法は前記の通りです。

2．正横と変針

一定針路で航行中、次の針路に変えることを変針するといいます。

この変針点は、一般に沿岸を航行中は陸上の顕著な目標物（灯台、山頂、岬、島等）を正横（真横）に見た時とするのが普通です。

これを海図に記入するには次の手順で行います。

＜例－10＞　図中、弁天島灯台を磁針方位 200°、3 マイルに見るＡ点より磁針路 060°で航行し、大島の白埼灯台を右正横に見る点（Ｂ点）より磁針路を 090°に変針し、黄岬灯台を正横に見るＣ点まで航行するコースラインを記入する。

手順

① 弁天島灯台を磁針方位 200°、3 マイルに見る点Ａ点を入れる。

② Ａ定規とＢ定規を合わせてＡ点より磁針路 060°のコースラインを引く。

③ コースラインを引いたＡ定規を白埼灯台が出るまで右に移動する。

④ 移動したＡ定規を固定して、Ｂ定規 B-c を A-a に合わせて一方の B-c を白埼灯台に合わせる。

⑤ 白埼灯台を通る線を引き、コースラインと交差する点が変針点Ｂ点であるので○印をつけて横にＢと記入する。

⑥ 更にＢ点より磁針路 090°のコースラインを引き、黄岬より同じ手順で直角の線を引き交点をＣ点とする。

＜例－10図＞

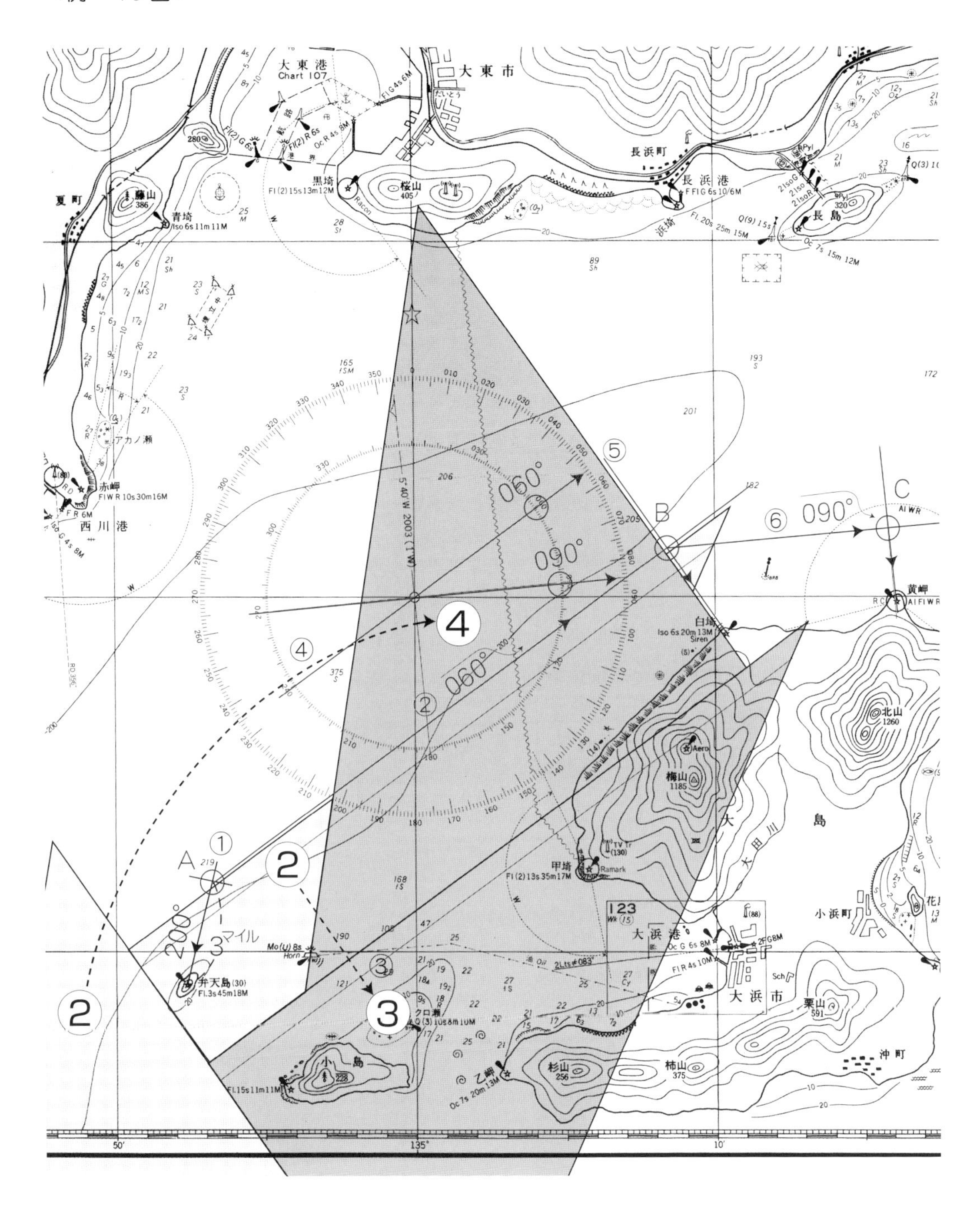

大東港
Chart 107
大東市
長浜町
長浜港
F Fl G 6s 10/6M
長島
Oc 7s 15m 12M
黒埼
Fl(2) 15s 13m 12M
Racon
桜山
405
藤山
386
夏町
青埼
Iso 6s 11m 11M
赤岬
Fl W R 10s 30m 16M
西川港
アカノ瀬
5°40'W 2003(1'W)
060°
090°
060°
A
B
C
①
②
③
④
⑤
⑥ 090°
2
3
4
200°
3マイル
弁天島
Fl.3s45m18M
Mo(U) 8s
Horn
クロ瀬
Q(3)10s8m10M
小島
228
Fl.15s11m11M
乙岬
Oc 7s 20m 13M
杉山
256
柿山
375
白埼
Iso 6s 20m 13M
Siren
梅山
1185
Aero
甲埼
Fl(2)13s35m17M
Ramark
大田川
大島
123
大浜港
Oc G 6s 8M
Fl R 4s 10M
大浜市
小浜町
栗山
591
沖町
黄岬
北山
1260
50'
135°
10'

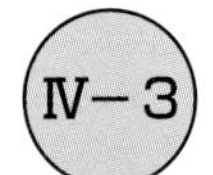

レーダーの測定方位と距離を使って位置を記入する

1．レーダーの真方位指示と相対方位指示

レーダースコープに映像が表示されますが、その表示の方法に真方位指示と相対方位指示という二つの表示方法があります。

表示の選択は切替ツマミ一つで瞬時に切替できます。

真方位指示

レーダー画面の上端が真北になっている。自船の向いている方向とは関係なく、海図と同じ陸地の映像が表示される。したがって、映像の方位と距離を測定すれば、そのまま海図上にその方位と距離で位置が記入できます。

相対方位指示

画面の上端が自船の船首方向と一致している表示です。したがって正面に向かって実際に見たとおりの映像が表示されますので、この映像から自船の位置を出すためには、自船のその時の針路と船首角（船首から右まわりにはかった角度）を加えた方位を出して、その方位と距離で位置を入れます。

<例－11>　針路 120°で航行している船が、船首角 100°、3 マイルに小島がレーダーに映った時の真方位指示と相対方位指示を図示します。

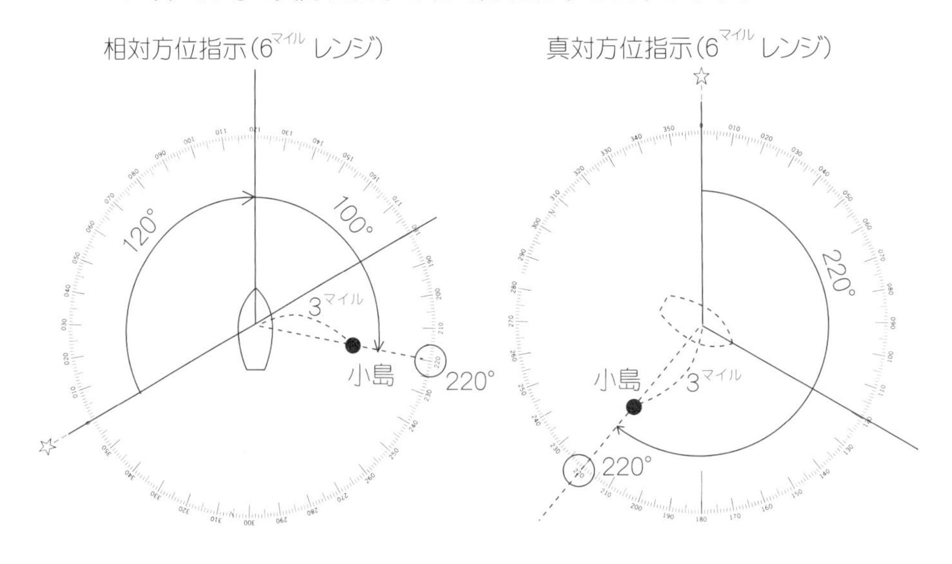

小島の方位と距離は
120°(針路)＋100°(船首角)＝220°,3マイル

小島の方位と距離は
カーソルとレンジで220°,3マイル

2. コンパス針路と相対方位指示による方位と距離

レーダーが相対方位表示モードの場合、針路と物標の船首角（船首から右回りの角度）と距離を測定して船位を出す方法。

<例－12>　図中、冬島北方海域をコンパス針路135°（自差5°E）で航行中、レーダーで牛埼東端を船首角060°、距離を5.5マイルに測定した。このときの自船の位置を海図に記入せよ。

ただし、レーダーは相対方位指示で使用していた。

手順

① コンパス針路を磁針路に修正すると135°＋5°＝140°

② 牛埼東端の磁針方位は（磁針路140°＋船首角060°）＝200°となる。

③ A定規のA-a′を200°と020°に合わせる。

④ A-bとB-bを合わせる。

⑤ 定規のA-aを牛埼東端に接するところまで移動する。

⑥ 牛埼東端に接線を引く。

⑦ デバイダーで5.5′を緯度目盛でとる。

⑧ そのデバイダーで、牛埼東端の接点から接線上に5.5′をとる。

⑨ そこに＋印をする、そこが求める位置です。

<例－12図>

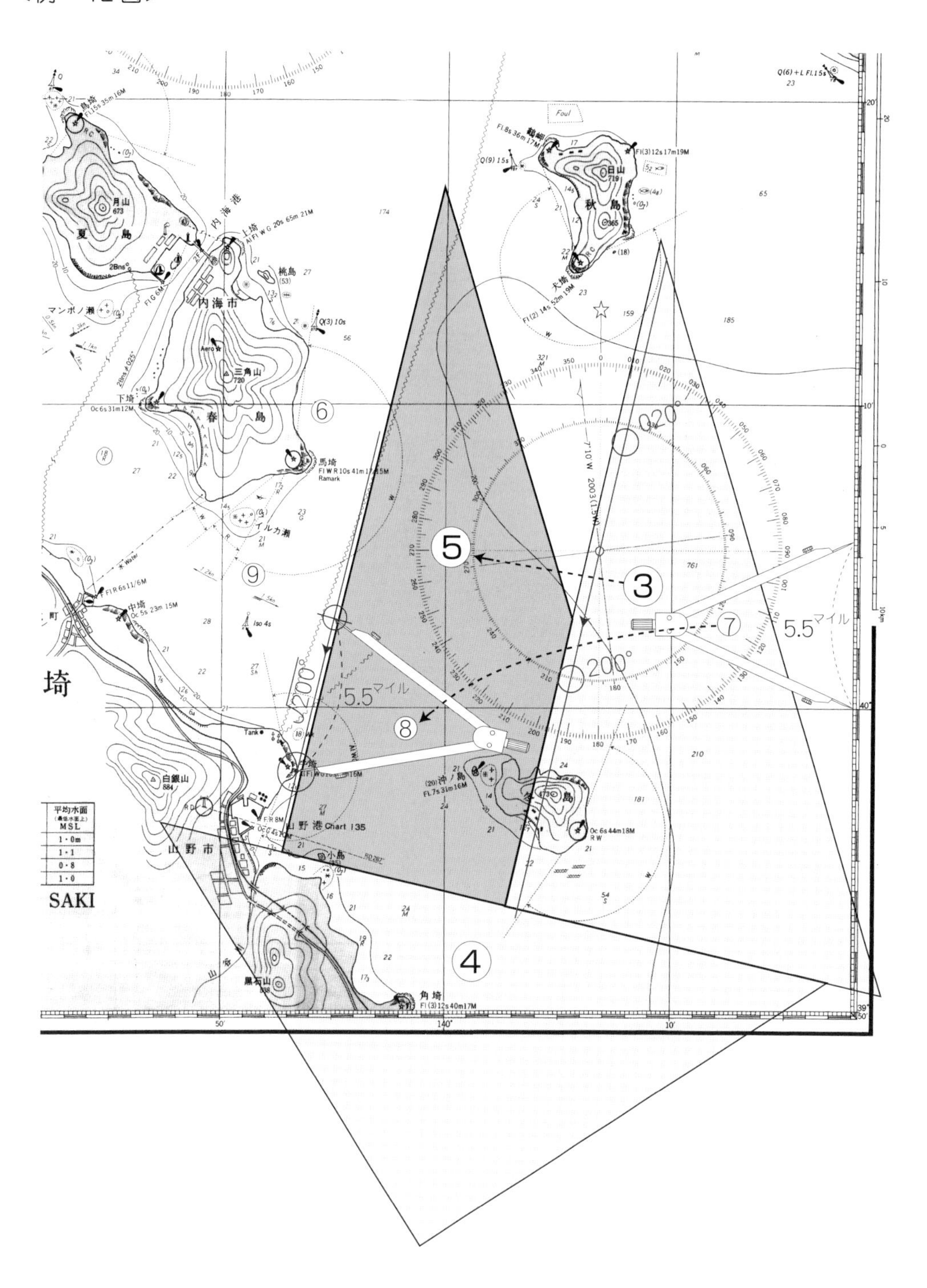

島埼
月山
673
夏島
内海港
上埼
Al Fl W G 20s 65m 21M
桃島
内海市
マンボノ瀬
三角山
720
下埼
Oc 6s 31m 12M
春島
馬埼
Fl W R 10s 41m 17,15M
Ramark
イルカ瀬
Fl R 6s 11/6M
中埼
Oc 5s 23m 15M
埼
Iso 4s
Q(3) 10s
白銀山
884
平均水面
MSL
1・0m
1・1
0・8
1・0
山野市
SAKI
山野港 Chart 135
小島
黒石山
角埼
Fl (3) 12s 40m 17M
沖ノ島
Fl 7s 31m 16M
冬島
Oc 6s 44m 18M
RW
秋島
日山
719
鶴岬
Fl 8s 36m 17M
Fl (3) 12s 17m 19M
Q(9) 15s
犬埼
Fl (3) 14s 52m 19M
Foul
Q(6) + L Fl 15s
7°10'W 2003(1.5'W)
020°
200°
200°
5.5マイル
5.5マイル
3
4
5
6
7
8
9
50'
140°
10'

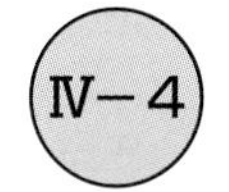

重視線とコンパス方位線

1. 重視線を使って自差を出す

重視線とは海図に記載されている二つの物標が一直線上に見える線をいいます。重視線を海図に記入したら、測定に誤差がなければ、間違いなくその線上に自船は位置しています。重視線の方位（磁針方位）は正確だからです。一方重視線を自差のある船のコンパスで測定したコンパス方位はその方位とは一致しません。その差がその船のその時の船首方位の自差となります。

したがって、この方法を各船首方向で繰り返してコンパス方位を測定すれば、その船のそのときの自差曲線が作成できます。

2. その自差を使ってコンパス方位を修正する

自差の修正については前述しましたが、その符合の意味を繰り返して考えてみますと、重視線の磁針方位よりコンパス方位が少なければ（羅北が磁北より右に偏している）、修正量はプラスするので（E）の自差となります。

例えば、磁針方位よりコンパス方位が5°少ない時は、5°プラスすれば磁針方位になるから、この時の自差は5°（E）となります。

逆に重視線の磁針方位よりコンパス方位が多ければ（羅北が磁北より左に偏している）マイナスするので自差は（W）となります。

<例題>　重視線の磁針方位が324°、それをコンパスで318°と測った、その時のそのコンパスの自差は何度になるか。

解答　コンパス方位318°に6°＋すれば、磁針方位の324°となるから自差は（6°E）です。

分かりやすく整理すれば、

重視線の磁針方位が　　324°
重視線のコンパス方位が318°　6°＋だから自差は6°Eとなります。

重視線の磁針方位が　　215°
重視線のコンパス方位が220°　5°－だから自差は5°Wとなります。

3. 重視線と磁針方位線で位置を記入する

まず、二物標の重視線を海図に記入し、その磁針方位をコンパス図で測ります。更にその重視線のコンパス方位が分かれば、自差を算出することができます。その自差を使って別の物標のコンパス方位を修正して磁針方位を得れば、2 本の方位線の交点が船位となります。(2 本の方位線で得る位置より精度は高い)

＜例－ 13 ＞　図中、大島の白埼灯台と梅山山頂のトランジット（重視線）をコンパス方位 194°、黄岬灯台をコンパス方位 125°に測定した、その時の船位を記入せよ。

手順　＜図の 1 ＞

① 二点の重視線を海図に記入し、重視線の磁針方位を測定すると 199°になります。(もしこれを 198°と測定したら、198°でもかまいません、この 1°＋－は船位に余り関係ありません)

② 磁針方位 199°をコンパスで 194°と測定したのだから、この時の自差は 5°E です。(195°と測定したら自差は 4°E です)

＜図の 2 ＞

③ 黄岬のコンパス方位 125°をこの自差で修正すれば 5°＋で磁針方位は 130°となります。(4°E であれば 129°となります)

④ 修正した磁針方位 130°（または 129°）の線を黄岬に向け記入します。

⑤ 両線の交点が求める船位であるのでそこに○印をします。

※　重視線の磁針方位測定には 1°程度の誤差はでます。その場合そのまま 1°の自差の誤差となりますが、その結果測定位置にはほとんど差はありませんので余り気にしなくてもいいです。(重視線の方位測定に A-a´を上手に使えば誤差は少なくなります) 二点の間隔が短ければ短いほど重視線の測定誤差が出るので、重視点を決める場合は、海図上で間隔の離れた二物標を選べればよりよいでしょう。

<例－13図の1>

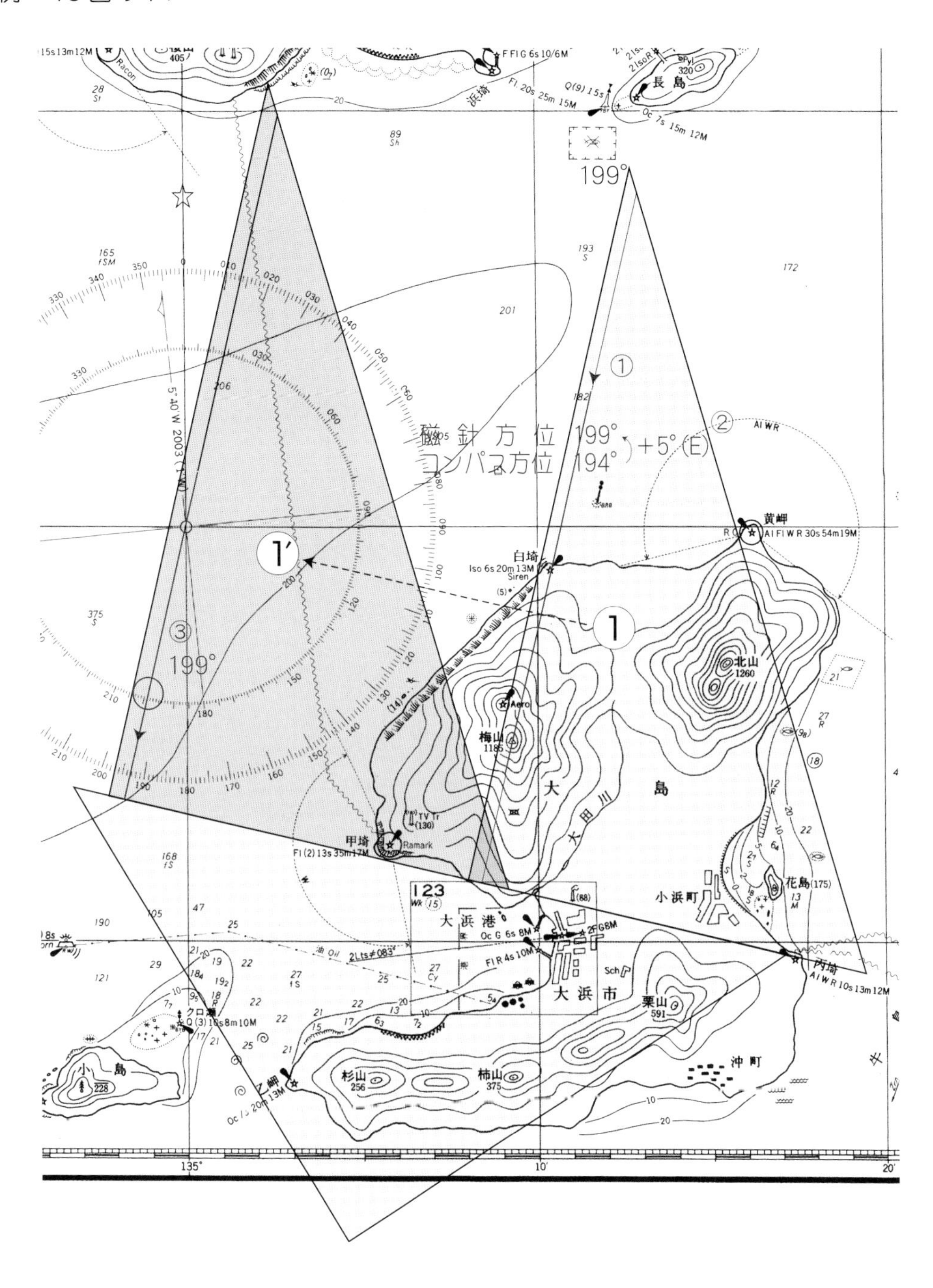
199°
①
②
磁針方位 199°
コンパス方位 194°
+5°(E)
1′
1
③
199°
黄岬
白埼
北山
1260
梅山
1185
大
島
大田川
甲埼
小浜町
花島
丙埼
123
大浜港
大浜市
栗山
591
沖町
杉山
256
柿山
375
乙岬
小島
228
クロ瀬
長島
浜埼
135°
10′
20′

<例－13図の2>

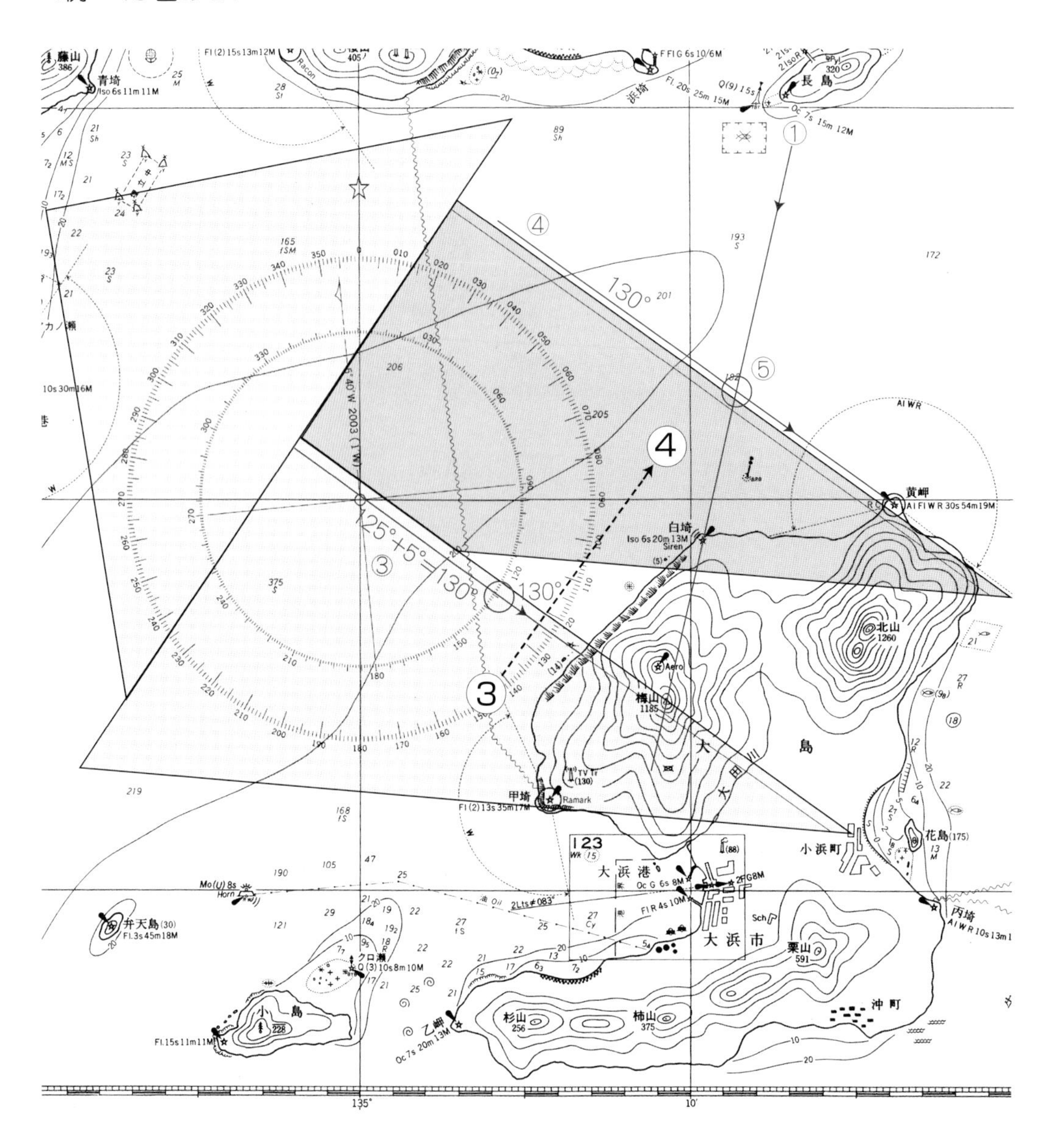

藤山
青埼
Iso 6s 11m 11M
長島
浜埼
Fl 20s 25m 15M
Oc 7s 15m 12M
①
②
④
130°
⑤
③
125°+5°=130°
130°
3
4
6°40'W 2003 (1'W)
黄岬
Al Fl W R 30s 54m 19M
白埼
Iso 6s 20m 13M
Siren
北山
1260
梅山
1185
大
田
川
島
甲埼
Fl (2) 13s 35m 17M
Ramark
小浜町
花島
内埼
大浜港
Oc G 6s 8M
Fl R 4s 10M
大浜市
栗山
591
沖町
弁天島
Fl.3s 45m 18M
クロ瀬
Q (3) 10s 8m 10M
小
島
228
Fl.15s 11m 11M
乙岬
Oc 7s 20m 13M
杉山
256
柿山
375
Mo(U) 8s
Horn
2Lts ≠ 083°
135°
10'

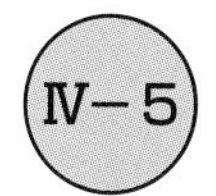

潮流がある時の航法（流潮航法）

1．流向と流速

海水は静止していることはないと言ってもいいでしょう。原因は大別すると、海流と潮流があるからです。この流れは船の航行に直接関係がありますので、これを無視して航海計画を立てることはできません。したがって、海水の流れる方向とその速さを知った上で航海計画を立てなければなりません。

流向は真方位で、流速はノット（1時間に流れるマイル）で表します。

（1）海流

海流は大洋での流れで、その年毎にまたその年の季節毎に多少の変化はありますが、ほぼ一定の方向に一定の幅で流れています。

海流をその寒暖で分けると、寒流と暖流に分けられます。寒流は北から南への冷たい海水の流れ（南流）で、暖流は南から北への暖かい海水の流れ（北流）をいいます。

海流は、季節ごとの平均的な流向と流速を観測して、海図と同じように海流図が刊行されていますので、航海にはこれを参考にします。

（2）潮流

潮流は、主として月と太陽の引力作用によって海面が周期的に上下に昇降すること（これを潮汐という）に伴って、海水が水平方向に移動する流れをいいます。

潮汐は平均して約6時間ごとに上下します、この高潮と低潮の繰り返しの間に生ずる流れを、「上げ潮流」「下げ潮流」といい、その間に流れの止まるときを「憩流」といいます。

潮流の流向はその海域では大きな変化はありませんが、流速と転流時間は規則的ではなく、1日の内でも不規則に変化します。

毎日の変化を知るためには潮汐表があり、国内の主要な海峡や水道の毎日の流向、最大流速、転流時間が表示されています。

沿岸から離れれば、海面の上下はあってもこれに伴う流れはごく微弱で航海には支障ありませんが、沿岸特に海峡、水道、瀬戸などでは航海に支障が出るほどのところもありますので、このような水域を航行するときは事前に調査して航海計画を立てなければなりません。

2．実航針路と実航速力を出す

A点からB点に航海する場合、潮流や風等の外力の影響がなければ、針路と速力が実航針路であり実航速力となります。しかし、前にも述べたとおり外力の影響のない水域は皆無といえるでしょう。（ただし、無視できるくらいの水域はあります）。航海に影響がある流向、流速があることが分かったときは１時間単位で考えて計算します。

すなわち、下図のように、１時間走って１時間流されるベクトル（矢印の長さと方向）の合成が実航針路と実航速力となります。

<例－14>　磁針路 030°、12 ノットで航海したが、その海域には 090°（真方位）、3 ノットの潮流がある。その時の実航磁針路と実航速力は？

手順　①　A点から　磁針方位 030°、12 マイルをとる（B点）
　　　②　B点から　真方位 090°、3 マイルをとる（C点）
　　　③　A点からC点　の磁針方位が実航磁針路であり、距離が実航速力となります。

<例－14 図>

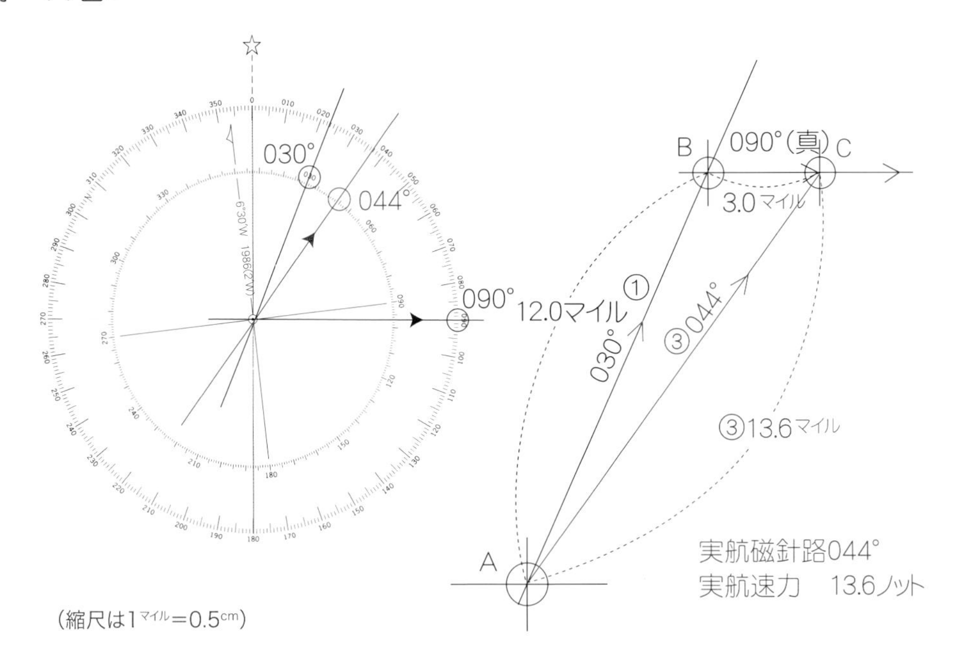

3. 流向と流速を加味して磁針路を出す

潮流の流向と流速がわかっている時、目的地点に行くためには磁針路を何度にとって行けばよいか。前項 2. の全く反対のケースです。

言いかえれば、実行針路（実際に走りたい針路）が決まっている時、自船の速力とその水域の潮流の流向と流速が分かっていれば、走るべき磁針路が出せます。

<例－15>　潮流の流向と流速が、090°（真方位）、3ノットある海域で、A点より8ノットの船が実航磁針路045°で航行するためには、磁針路を何度にとって走ればよいか。

手順

①　A点より磁針路045°　のコースラインを引く（既定条件）

②　A点より真方位090°、3マイル（流向と流速）をとる（B点）～まずわかっている流向と流速を先にとる。

③　デバイダーで8マイル（船の速力）をとって、片足をB点にしてもう片足を磁針路045°のコースライン上にとる（C点）。

＊　問題でわかっているデータは速力と実航針路、だから両者を満足する点はC点しかないことになります。

④　B点からC点の磁針方位が、求める磁針路となる。

⑤　A点からこの磁針路をとり、その先から潮流の流向と流速を取れば、④の三角と⑤の三角は相似形になりますから、

～BCの方位はAB´の方位と同じになります（例―15図）～

※　どんな例題でも解く時には、与えられたデータを全部使わないと解けないことを理解して、それを使う順序を考えます。

<例－15 図>

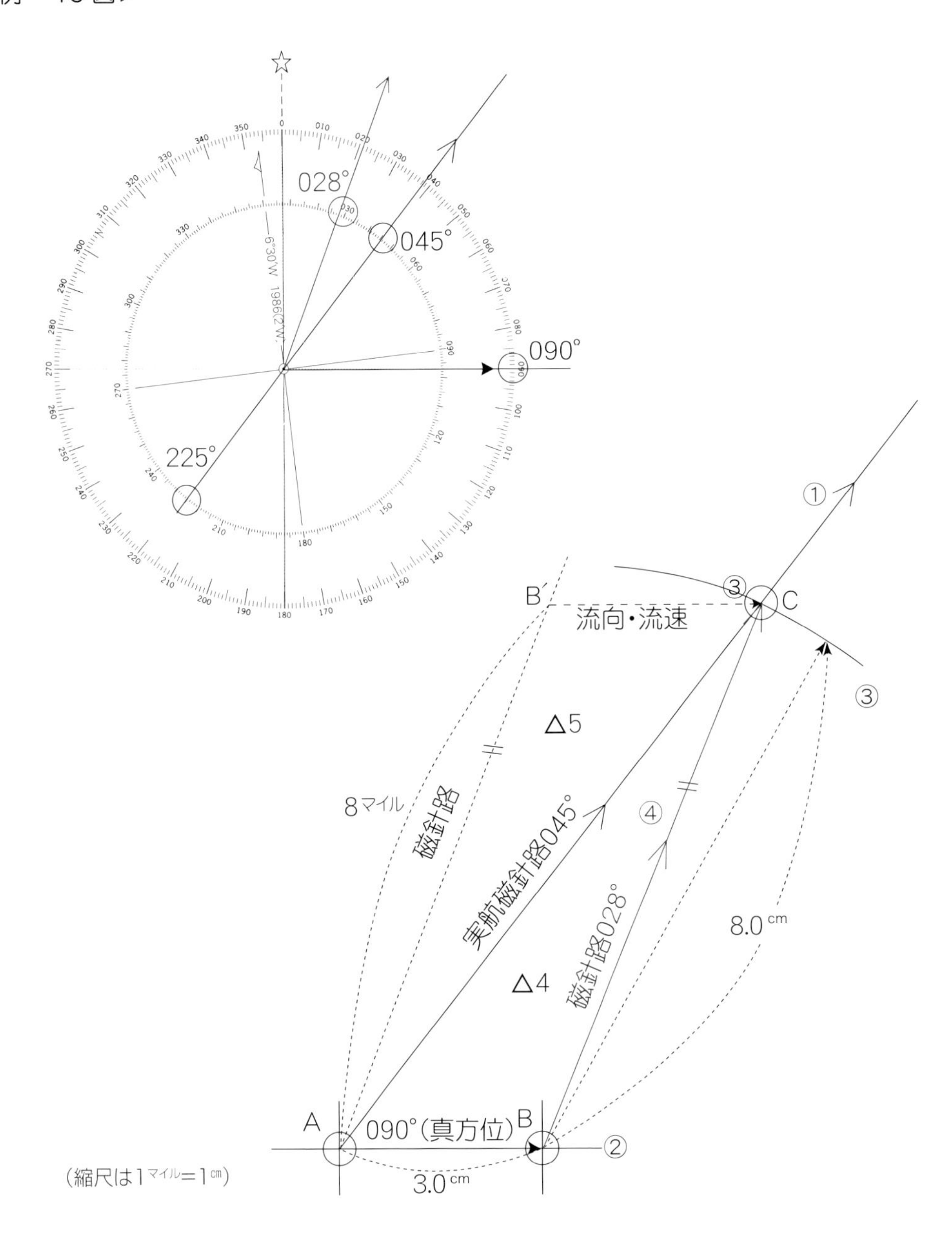

028°
045°
090°
225°
6°30'W 1986(2'W)
B'
C
流向・流速
①
③
③
△5
8マイル
磁針路
実航磁針路045°
④
磁針路028°
8.0cm
△4
A
B
090°(真方位)
②
3.0cm
(縮尺は1マイル=1㎝)

4. 推測位置と実測位置から流向と流速を出す

ある水域を航海するとき、航海に影響を与える要素を潮流だけで風などの影響はないものと考えますと、針路と速力で出した位置（推測位置）とその実測した位置（実測位置）との位置のずれを、1 時間単位で考えればその水域の潮流の流向と流速と考えられます。

この時、流向は航海時間に関係なく真方位で出せばよいですが、流速は 1 時間に流れる距離（速力＝ノット）ですから、推測位置からずれた距離を 1 時間分に直さなければノットになりません。

＜例－ 16 ＞　A 点（実測位置）より速力 8 ノットの船が、磁針路 195°で 1 時間半走った。その時点で位置を実測したら S 点から磁針方位 155°、3.5 マイルの位置にいることが分かった。この水域の潮流の流向（真方位）と流速を出せ。ただし潮流以外の影響はないものとする。

手順

① 8 ノットの船が 1 時間半走れば 12 マイルとなるから、まず、A 点から磁針路 195° で 12 マイルの点を入れる。推測位置（B 点）

② S 点から磁針方位 155°、3.5 マイルの点を入れる実測位置（C 点）

③ B 点にいると思ったら実際には C 点にいたのだから、B 点から C 点の真方位が流向となります。

④ 同じく、B 点から C 点までの距離（マイル）は 1 時間半に流された距離ですから、流速はその距離を 1.5 で割って、1 時間分に直した距離が流速（ノット）となります。

※ ・1 時間走って実測すればそのまま流向（真方位）と流速になります。
・30 分走って実測した場合は、流向はそのままの真方位で、距離を 2 倍すれば流速のノットになります。

<例－16図>

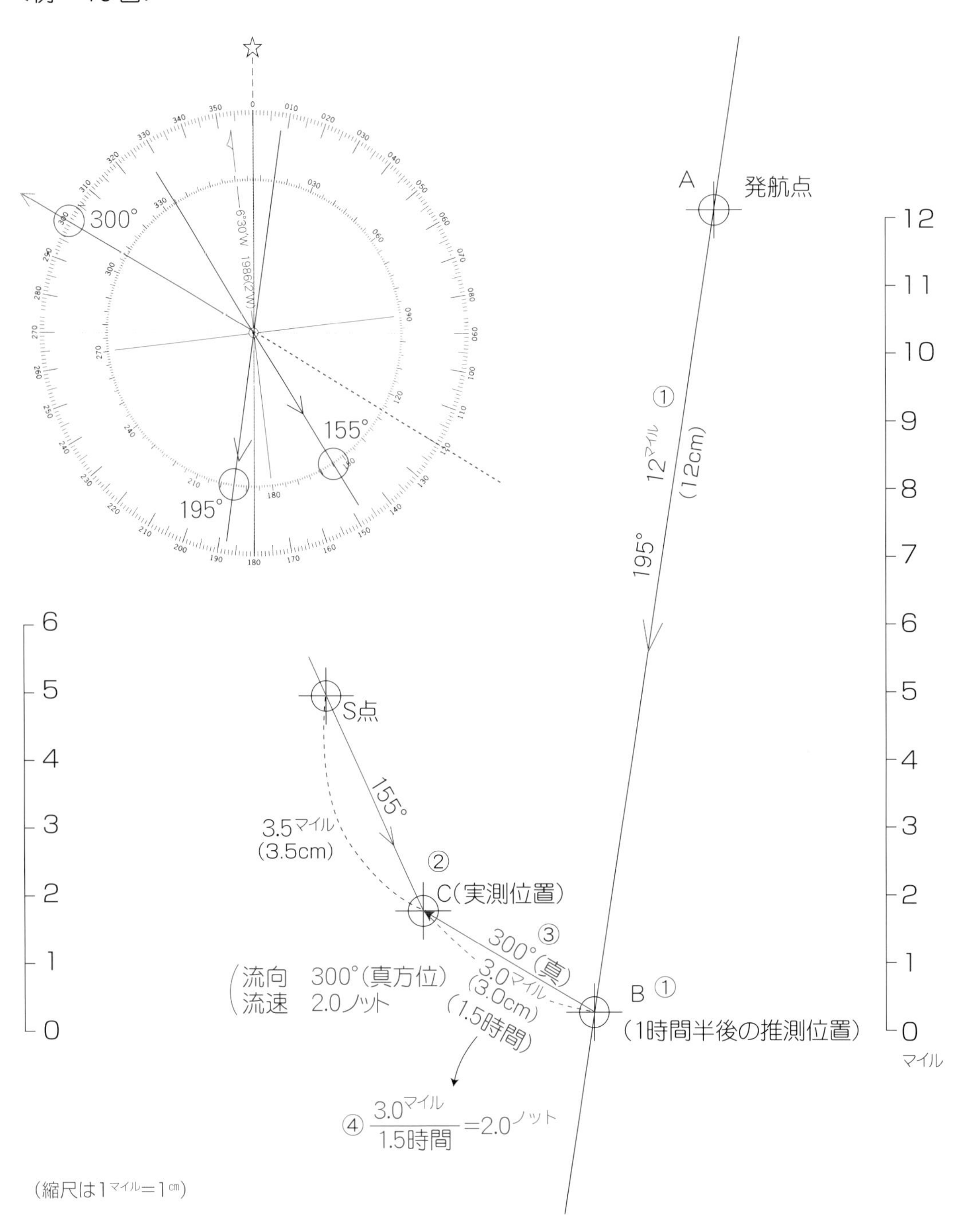

(縮尺は1マイル＝1㎝)

例題(海図問題)を解いてみよう！

今までやってきた各項目を理解して、これを組み合わせれば以下の海図問題は、全て問題なく解くことができます。

しかし、実際に試験問題として対峙した場合、次のような落とし穴があるので次の各点に注意してください。

1. 先ず時間を気にせず、落ち着いて問題を最初から丁寧に読んでこの問題はどんな解答を求めているかを確認します。
2. 使用する海図の番号を確認して、問題に出てくる地名、灯台名、山や岬（崎、島等）の場所を海図上で確認して鉛筆でマークをつけます（終わったら消しておくこと）。
3. 方位は、真方位か磁針方位かコンパス方位かを確認して、磁針方位であればそのままコンパス図の内側の目盛を使用すればよいですが、コンパス方位の場合は、必ず自差をその場で修正して、コンパス方位の数字を消して磁針方位の数字に書きかえておくようにします。（V－4、問題－6、解答図に例示）
4. 問題の中に出てくるデータ（数値）は必ず全部使わなければ解答はできませんので、見落とさないようにしてください。

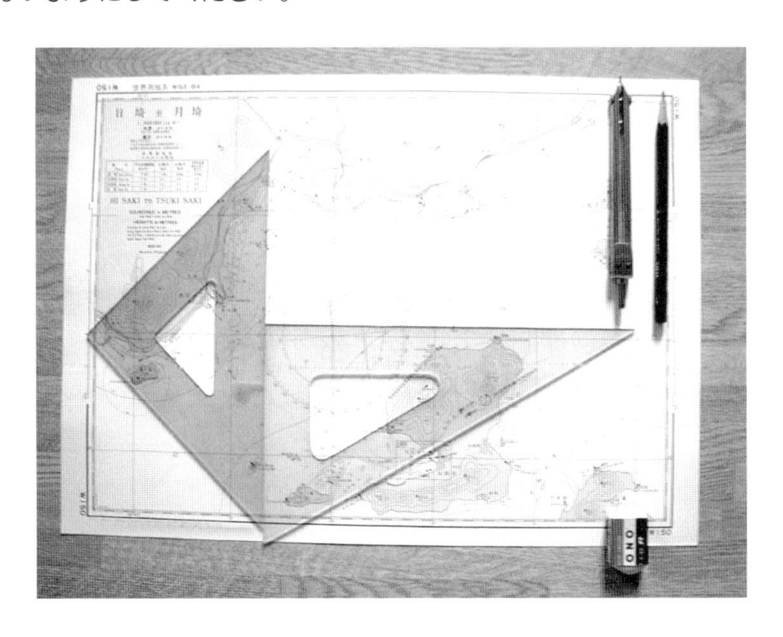

5. 緯度と経度が出てきたら、まず緯度目盛を見て海図のどの辺か指でおさえ、同じく経度目盛も一方の指でおさえ、両方の指が会ったところが概略の位置です。その辺にマークをしておきましょう。
6. 以上の確認をしたら、海図上のどの辺でどのような問題かを鉛筆でなぞって、問題のアウトラインをつかんでから始めるようにしてください。
7. 作図をする場合、方位、緯度、経度の目盛を確認したら、必ずその場で方位はコンパス図に、緯度経度は海図の目盛に鉛筆で印をつけてから、定規を当てるようにしてください。

　その印は使ったらすぐ消しておくことも大事なことです。

＜例題の解答に入る前に＞

　各問題の解答の手順を説明するところで、ここまで出てきた詳細の説明を省略して、（例－＊）、（例－＊図）のように付記します。

　前の頁を見る手間を省略して、今までに出てきた（例－ 1）からその要点を列挙しておきます。

定規の使い方

＜例－１＞　コンパス図で確認した方位の線を引く。

＜例－２＞　直線の方位をコンパス図で測る。

＜例－３＞　トランジット（重視線）の方位をコンパス図で測る。
例－1、2 のように、Ａ定規を１回の移動では、測れないときの定規の移動方法。

＜例－４＞　できるだけＡ定規の移動を１回ですます方法。

位置の入れ方

＜例－５＞　＊＊を（から）磁針方位何度、何マイルに見る位置を入れる。
（磁針路＊＊＊°で＊＊ノット（マイル）で走った位置（推測位置）を入れることと同じ）

＜例－６＞　２点の磁針方位線で位置を入れる。（クロス方位法）

＜例－７＞　重視線と磁針方位線で位置を入れる。（クロス方位法）

＜例－８＞　緯度と経度で位置を入れる。

＜例－９＞　緯度と経度を読む。

＜例－ 10 ＞　変針点を入れてコースラインを引く。

＜例－ 11 ＞　レーダーの相対方位指示と真方位指示の画面表示の比較。

＜例－ 12 ＞　レーダーの相対方位指示から物標までの船首角と距離で位置を入れる。

＜例－ 13 ＞　重視線と、重視線の方位から出した自差を使って、コンパス方位を修正した方位線にして位置を入れる。

流潮航法

＜例－ 14 ＞　潮流のある水域で実航磁針路と実航速力を出す。

＜例－ 15 ＞　潮流のある水域で磁針路を出す。

＜例－ 16 ＞　潮流の流向と流速を出す。

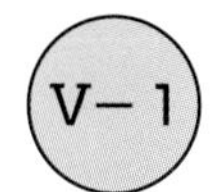

全航程を出す

＜問題－１＞　次の航海計画を海図上に記入し、Ａ～Ｄの全航程を求めよ。ただし、風や潮流の影響はないものとする。　（練習用海図 200 使用）

出航点Ａ　：前島北西方海域 40°－ 33.0′Ｎ、139°－ 34.0′の地点から磁針路 110°で航行

第一変針点Ｂ：西山市南方の竹岬灯台を左舷正横に見る地点で磁針路 135°に変針

第二変針点Ｃ：更に秋島北東灯台（Fl（3）12s）を右舷正横に見る地点で変針

到着点Ｄ　：秋島南東方 40°－ 14.0′Ｎ、140°－ 09.0′Ｅ

解答手順

① 出航点Ａを緯度と経度で入れる。（例－ 7）

② Ａ地点より磁針方位 110°のコースラインを引く。（例－ 1）

③ 竹岬灯台を左舷正横に見る線を引く。（例－ 10）

④ その交点がＢ点（第一変針点）

⑤ Ｂ点より磁針路 135°のコースラインを引く。（例－ 1）

⑥ 秋島北東灯台を右舷正横に見る線を引く。（例－ 10）

⑦ その交点がＣ点（第二変針点）

⑧ 到着点Ｄを緯度と経度で入れる。（例－ 7）

⑨ Ａ～Ｂ、Ｂ～Ｃ、Ｃ～Ｄのそれぞれの区間の距離（マイル）を測り、それぞれの距離を集計したものが、全航程です。

⑩ 答［約 38.0 海里］

<問題－1、解答図>

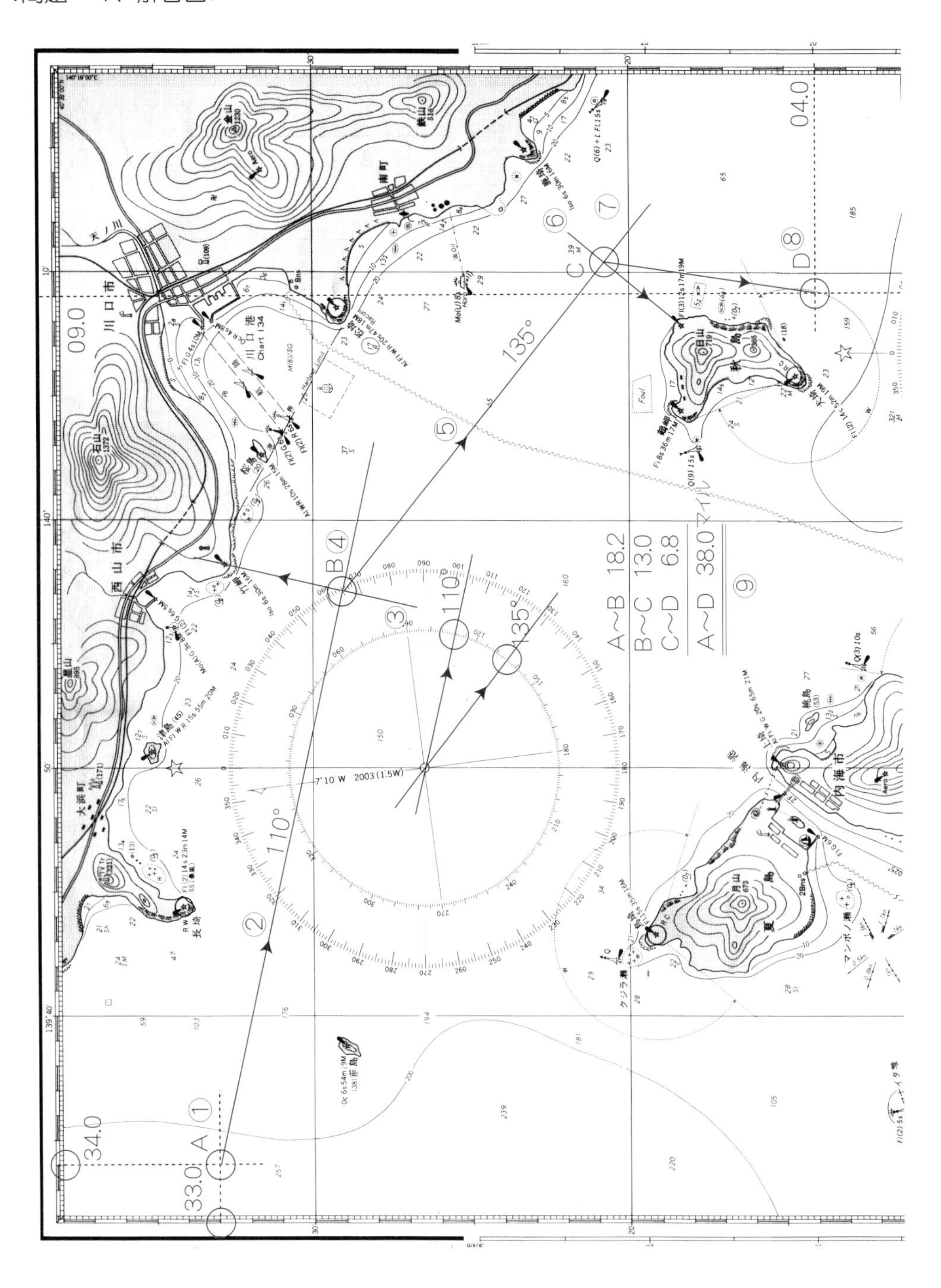

A~B 18.2
B~C 13.0
C~D 6.8
A~D 38.0マイル
110°
135°
33.0
34.0
09.0
04.0
A
B
C
D
川口港
川口市
西山市
石山
金山
秋島
夏島
内海市

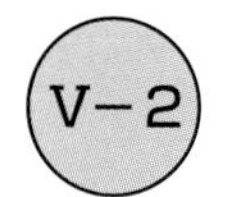

所要時間を出す

＜問題－２＞　次の航海計画を海図上に記入し、全航程を速力 12 ノットで航行した場合の所要時間を求めよ。ただし、風や潮流の影響はないものとする。

（練習用海図 150 使用）

出航点Ａ　　：牛島北方海域緑埼灯台を磁針方位 190°、距離３海里に見る地点から磁針路 330°で航行。

第一変針点Ｂ：大島北端の黄岬灯台を左舷正横に見る地点で磁針路 280°に変針。

第二変針点Ｃ：さらに大島北方の白埼灯台を左舷正横に見る地点で変針。

到着点Ｄ　　：大浜港西方海域 30°－ 04.4′Ｎ、135°－ 00.6′Ｅ

解答手順

① Ａ点緑埼灯台を磁針方位 190°、距離３′に見る位置を入れる。　（例－５）

② Ａ点より磁針方位 330°のコースラインを引く。　（例－１）

③ 黄岬灯台を左舷正横に見る線を引く。　（例－10）

④ その交点がＢ点（第一変針点）

⑤ Ｂ点より磁針路 280°のコースラインを引く。　（例－１）

⑥ 白埼灯台を左舷正横に見る線を引く。　（例－10）

⑦ その交点がＣ点（第二変針点）

⑧ 到着点Ｄを緯度と経度で入れる。　（例－７）

⑨ Ａ～Ｂ、Ｂ～Ｃ、Ｃ～Ｄの其々の区間の距離（マイル）を測り、集計したものが、全航程です。［約 30.0 海里］

⑩ 全航程より所要時間を算出する。（Ⅱ－３、２.）

［答　約２時間 30 分］

<問題－2、解答図>

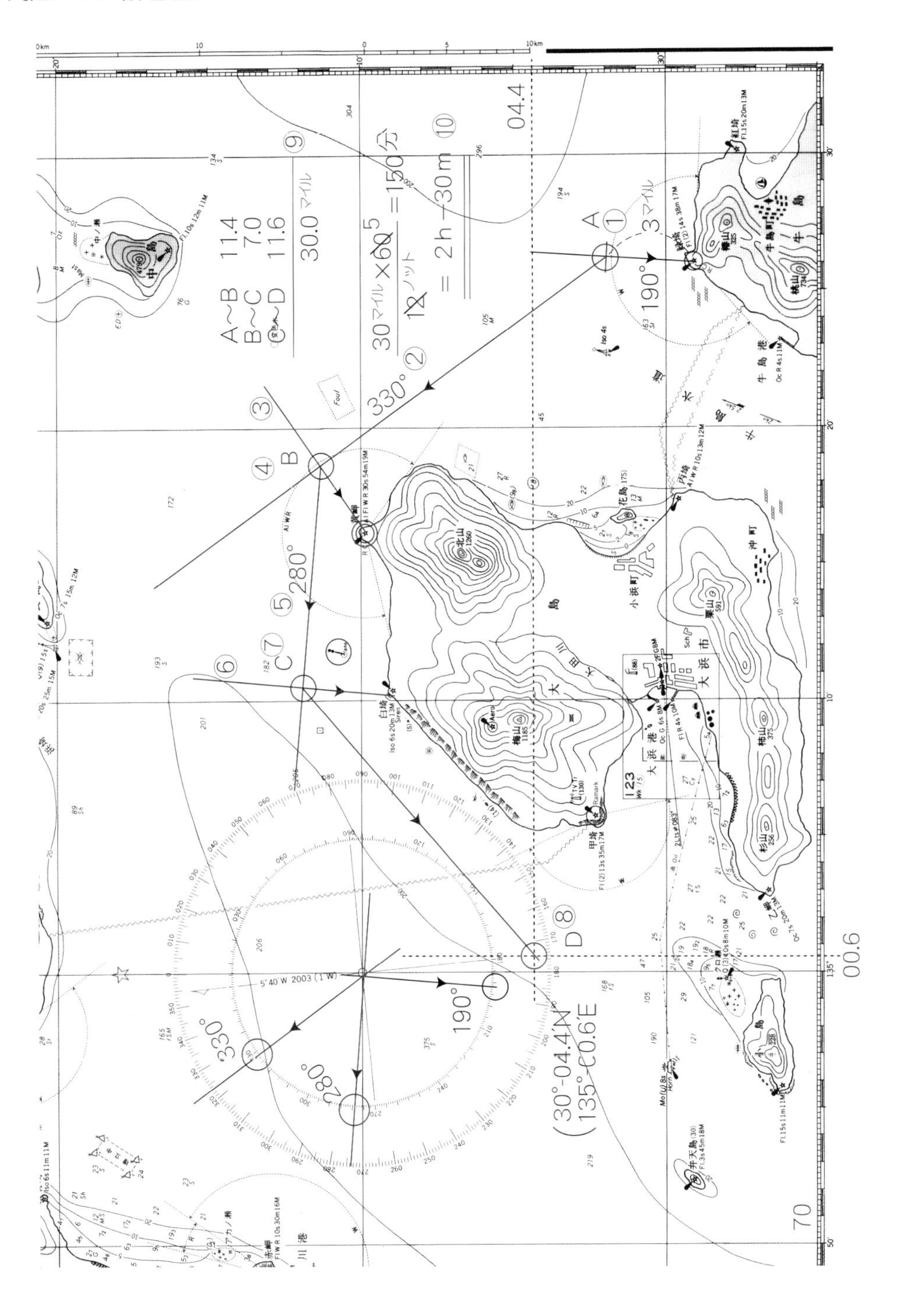

A～B 11.4
B～C 7.0
C～D 11.6
30.0マイル
30マイル×60／12ノット＝150分
＝2h－30m
190°
330°
280°
30°-04.4'N
135°-00.6'E

<問題－３>　次の航海計画を海図上に記入し、全航程を速力 10 ノットで航行した場合の所要時間を求めよ。ただし、風や潮流の影響はないものとする。

（練習用海図 200 使用）

出航点Ａ　　：前島海域北西方 40°－ 31.0′N、139°－ 34.0′E

第一変針点Ｂ：前島灯台を左舷正横２海里に見る地点で磁針路 140°に変針

第二変針点Ｃ：更に春島の上埼灯台を右舷正横に見る地点で変針

到着点Ｄ　　：春島東方海域 40°－ 12.0′N、140°－ 12.0′E

解答手順

① Ａ点の位置を緯度と経度で入れる。（例－ 8）

② 前島灯台より２海里の半円を西側に描く。

③ Ａ点よりその半円に接線を引く、接点が前島灯台を左舷正横２海里に見るＢ地点（第一変針点）

④ Ｂ点より磁針路 140°のコースラインを引く。（例－ 1）

⑤ 上埼灯台を右舷正横に見る線を引く。（例－ 10）

⑥ その交点がＣ点（第二変針点）

⑦ 到着点Ｄを緯度と経度で入れる。（例－ 8）

⑧ Ａ～Ｂ、Ｂ～Ｃ、Ｃ～Ｄのそれぞれの区間の距離（マイル）を測り、集計したものが、全航程である。[約 36.2 海里]

⑨ 全航程より所要時間を算出する。（Ⅱ－３、２.）

[答　約３時間 37 分]

<問題－３、解答図>

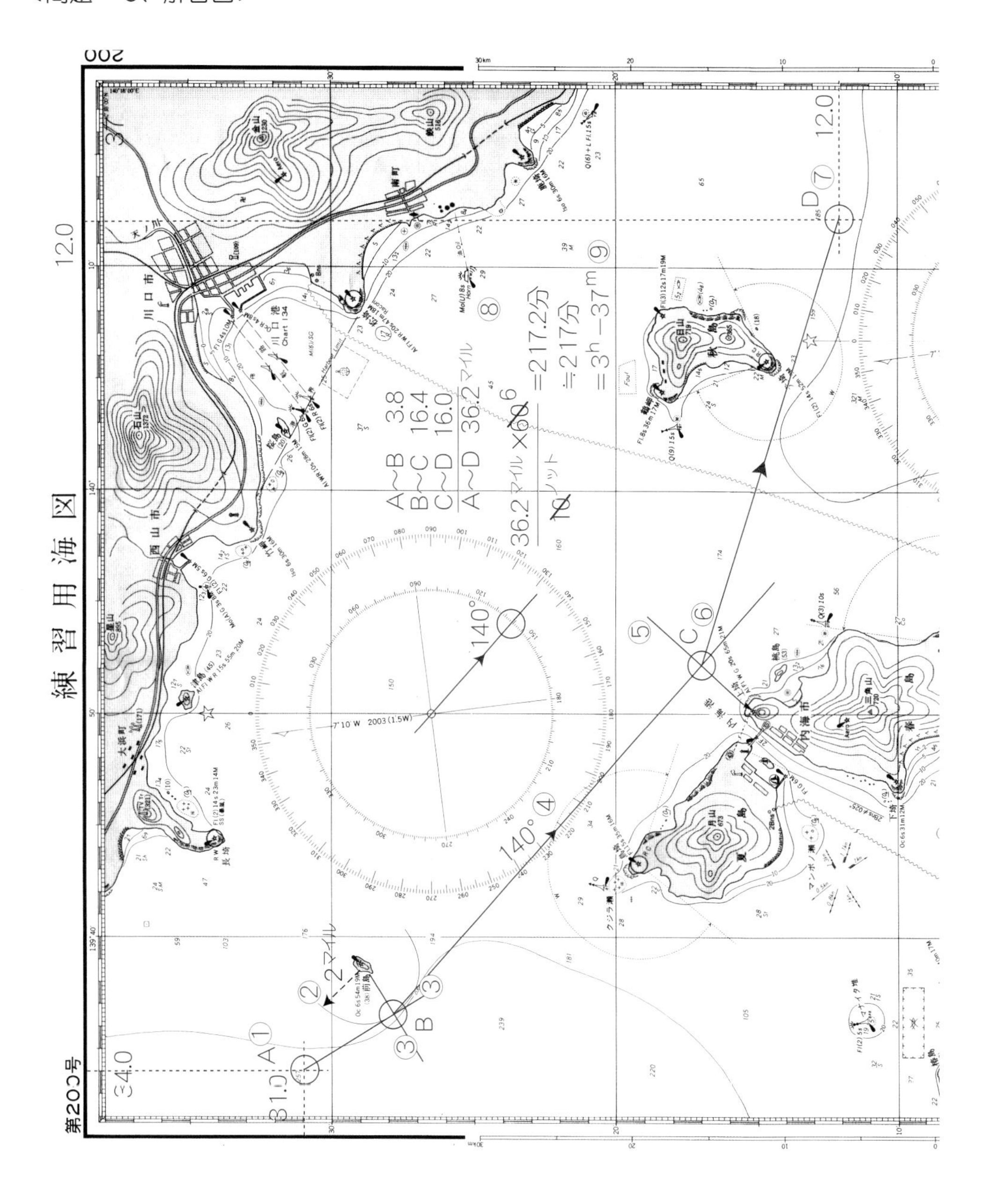
練習用海図
第200号
A～B 3.8
B～C 16.4
C～D 16.0
A～D 36.2マイル
36.2マイル×60 / 10ノット =217.2分
≒217分
=3h－37m
140°
2マイル
A
B
C
D
川口市
西山市
内海市
12.0
14.0

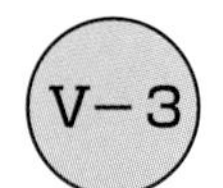

クロス方位法により位置（緯度、経度）を出す

＜問題－4＞　山野市山野港沖を一定針路で航行中のA船は、牛埼灯台をコンパス方位306°、沖ノ島灯台をコンパス方位055°に測定した。A船の船位（緯度、経度）を出せ。この時の船首方向に対する自差は5°Wであった。

（練習用海図200使用）

解答手順

① 牛埼灯台のコンパス方位306°を自差修正して磁針方位に直すと306°－5°＝301°となる。（Ⅲ－4、6.・自差の修正）

② 牛埼に向けて301°の方位線を引く。（例－1）

③ 沖ノ島灯台のコンパス方位055°コンパス方位を磁針方位に修正すると、055°－5°＝050°となる。（Ⅲ－4、7.・自差の修正）

④ 沖ノ島灯台に向けて050°の方位線を引く。（例－1）

⑤ 両線の交点が求める船位となる。（例－6）

⑥ 船位は39°－56.0′N、139°－59.0′E（例－9）

※ 自差修正は問題を読んだ時にその場で行い、問題のコンパス方位を消して、その上に書くようにすると製図の時に間違うことがない。

（例えば）　301°　050°

牛埼灯台をコンパス方位~~306°~~、沖ノ島灯台をコンパス方位~~055°~~に測定した。

<問題－4、解答図>

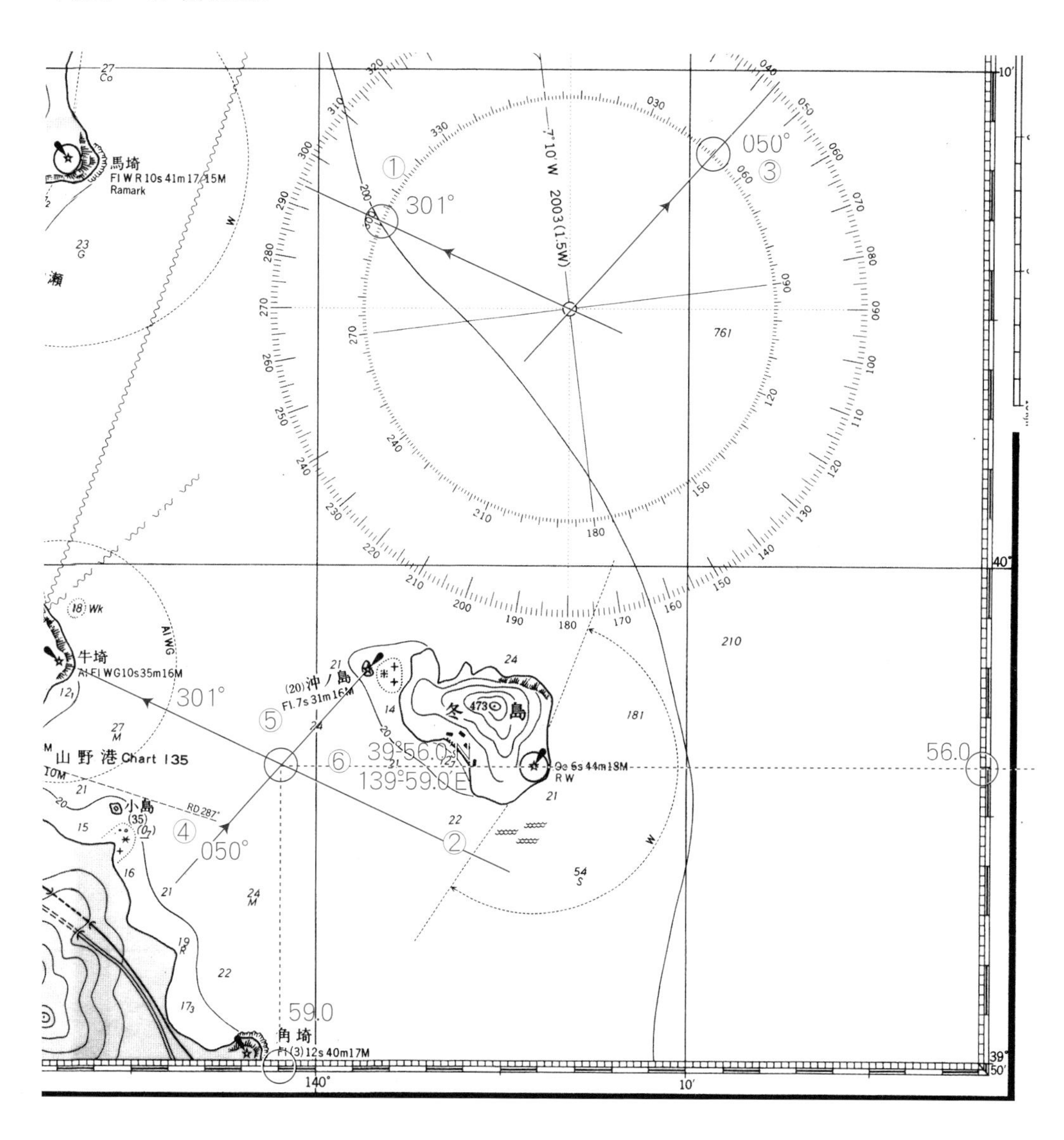

馬埼
Fl W R 10s 41m 17/15M
Ramark
牛埼
Al Fl WG 10s 35m 16M
(20) 沖ノ島
Fl 7s 31m 16M
冬島
山野港 Chart 135
小島
角埼
Fl (3) 12s 40m 17M
7°10'W 2003(1.5W)
①
301°
050°
③
②
④
050°
⑤
301°
⑥
39°56.0'N
139°59.0'E
56.0
59.0
140°
10'
40°

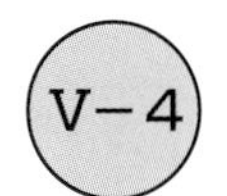

V−4　レーダーの方位と距離から位置（緯度、経度）を出す

<問題－5>　A船は、大島西方沖をコンパス針路046°（自差4°E）で航行中、レーダーにより弁天島北東端を方位090°、距離4海里に測定した。A船の船位（緯度、経度）を出せ。

ただし、レーダーは相対方位指示とする。　　（練習用海図150使用）

解答手順

① A船のコンパス針路046°を磁針路に修正すると050°となる。　（自差修正）

② 弁天島北東端の磁針方位は、（磁針路）＋（レーダーによる方位）となるから、
050°＋090°＝140°　　（例－12）

③ 弁天島北東端に向けて磁針方位140°の接線を引く。

④ 弁天島北東端の接点から4海里をとる。

⑤ その点が求める船位である。

⑥ 30°－02.2′N、134°－49.4′　　（例－9）

※ レーダーの方位とは、常に船首から右回りの方位（船首角）で、この角度は修正する必要はありません。

<問題－5、解答図>

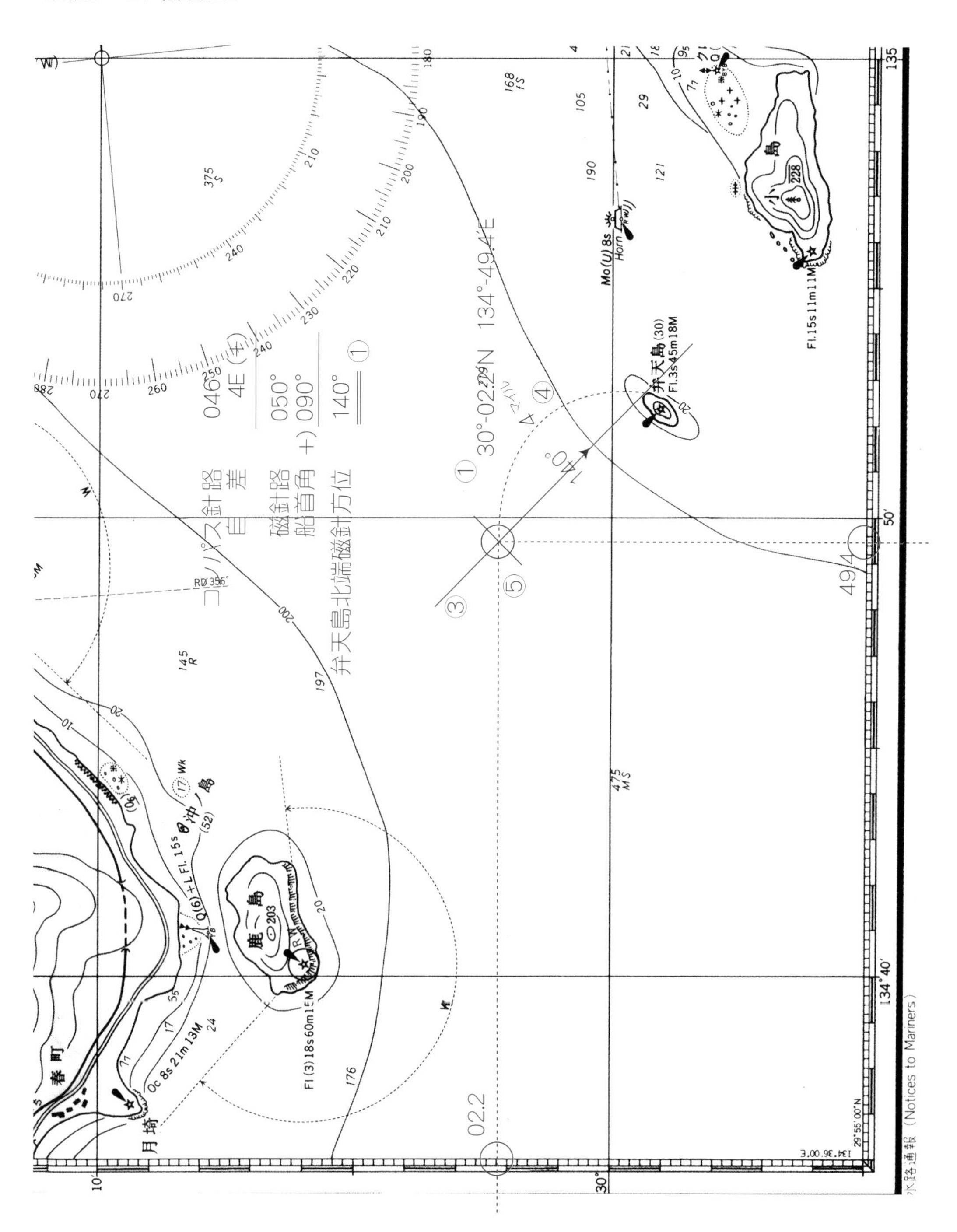

コンパス針路 046°
自差 4E(+)
磁針路 050°
船首角 +) 090°
弁天島北端磁針方位 140°
30°-02.2'N 134°-49.4'E
140°
弁天島
Fl.3s45m18M
鹿ノ島
Fl(3)18s60m15M
沖ノ島
Q(6)+L Fl. 15s
月埼
Oc 8s 21m 13M
春町
Fl.15s11m11M
Mo(U)8s
Horn
02.2
49.4
134°40'
50'
135
30°
10'
水路通報（Notices to Mariners）

<問題－６>　Ａ船は、牛島西方海域をコンパス針路205°（自差５°W）で航行中、レーダーにより牛島港防波堤灯台（Oc R 4s）を方位315°、距離５海里に測定した。Ａ船の船位（緯度経度）を出せ。ただし、レーダーは相対方位指示とする。　（練習用海図150使用）

解答手順

① Ａ船のコンパス針路205°を磁針路に修正すると200°となる。（自差修正）

② 牛島港防波堤灯台の磁針方位は、（磁針路）＋（レーダーの方位）であるから、
200°＋315°＝515°　（例－12）
＊　515°は－360°して155°とする。

③ 牛島港防波堤灯台に向けて磁針方位155°の線を引く。

④ 牛島港防波堤灯台からその線上に５海里の点を取る。

⑤ その点が求める船位である。

⑥ 30°－00.5′N、135°－20.3′E　（例－９）

<問題－6、解答図>

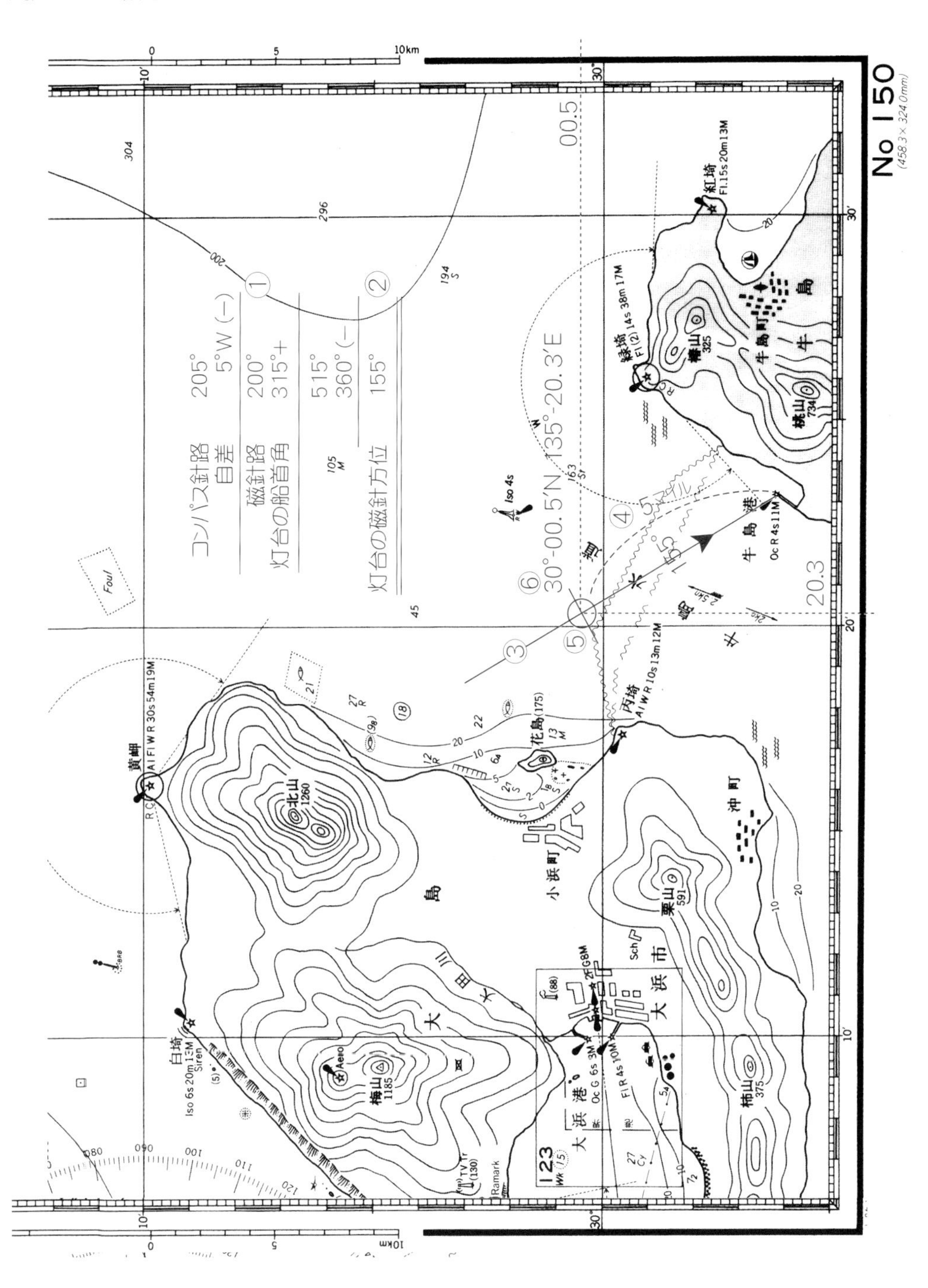

No 150
コンパス針路 205°
自差 5°W(−)
磁針路 200°
灯台の船首角 315°+
515°
360°(−)
灯台の磁針方位 155°
30°-00.5'N 135°-20.3'E
5マイル
北山
梅山
大浜市
大浜港
小浜町
花島
牛島
牛島町
牛島港
椿山
桃山
栗山
柿山
沖町
黄岬
白埼
丙埼
緑埼
紅埼

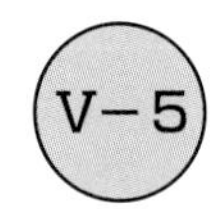

重視線から自差を出して、方位線で位置（緯度、経度）を出す

<問題－７>　大浜町の南方海域を一定針路で航行中、星山山頂と津島灯台のトランジット（重視線）をコンパス方位 054°、長埼灯台をコンパス方位 318°に測定した。A船の船位（緯度、経度）を出せ。　　　（練習用海図 200 使用）

解答手順

①　星山山頂と津島灯台のトランジット（重視線）を引き、その磁針方位を測る、（045°）　（例－3）

②　磁針方位 045°の重視線をコンパス方位 054°に測った。
　コンパス方位 054°は磁針方位 045°より 9°多いから、9°マイナスする、すなわち自差は 9°Wとなる。　（例－13）

③　長埼灯台のコンパス方位 318°を自差修正すれば磁針方位は
318°－9°＝309°となる。

④　磁針方位 309°の線を長埼灯台に向けて引く。　（例－1）

⑤　重視線と方位線の交点が求める船位である。

⑥　40°－32.4′N，139°－47.8′E

<問題－7、解答図>

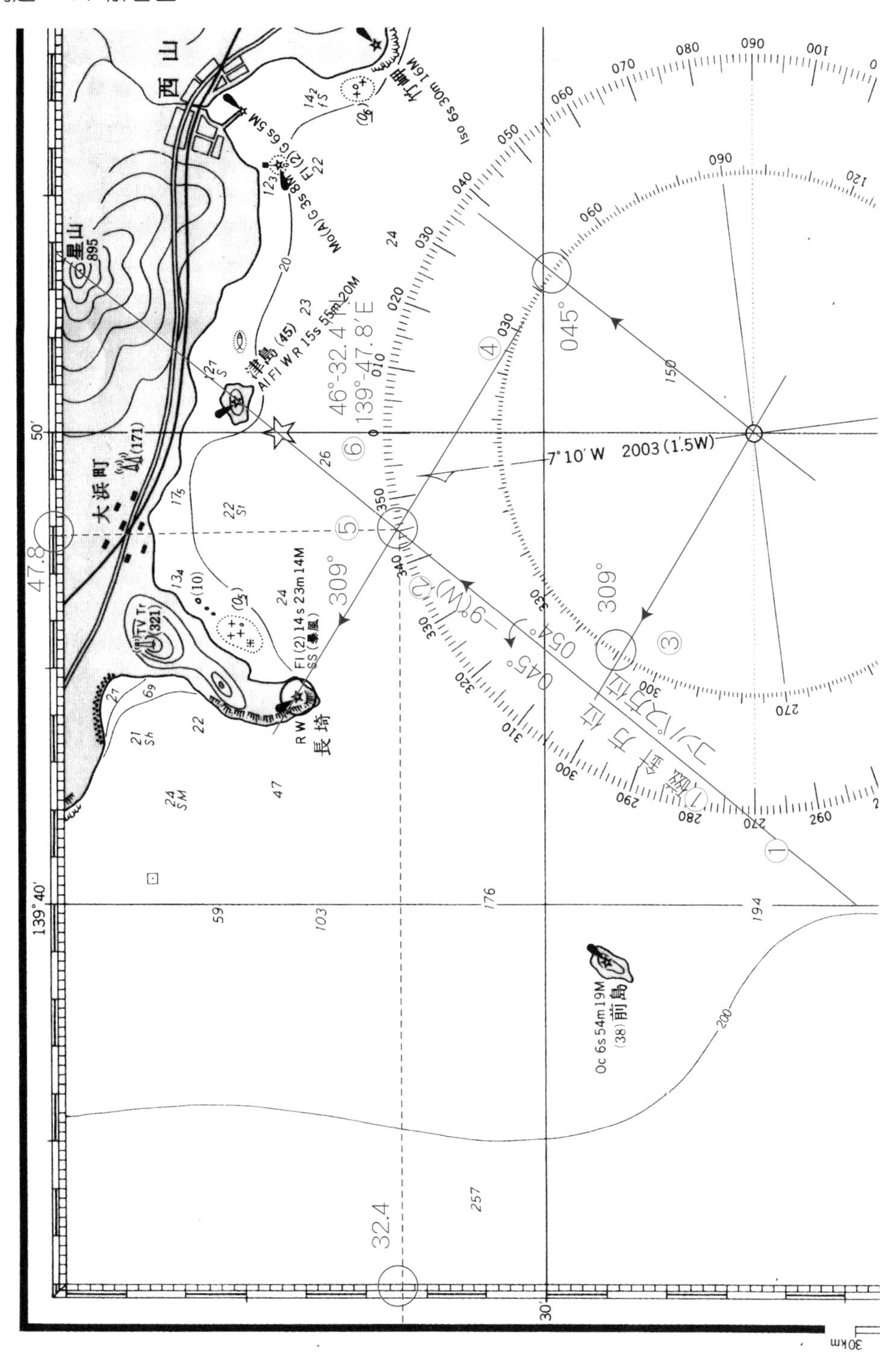

46°-32.4′N
139°-47.8′E
7°10′W 2003(1.5′W)
045°
309°
054°
9°(W)
コンパス方位
磁針方位
西山
星山
895
大浜町
津島(45)
長埼
前島
Oc 6s 54m 19M
47.8
32.4
139°40′
50′
30′
30km

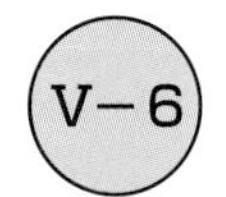

実航磁針路と実航速力を出す

<問題－８>　Ａ船は、冬島西方海域の沖ノ島灯台を磁針方位 230°、距離３海里に見る地点から、磁針路 350°、速力９ノットで航行を開始した。この海域には、流向 075°（真方位）、流速２ノットの海流があるものとして、Ａ船の実航磁針路と実航速力を求めよ。　（練習用海図 200 使用）

解答手順　（例－14）

① 沖ノ島灯台を 230°、３海里に見る地点を入れる、Ａ点　（例－５）

② Ａ点より磁針方位 350°、９マイルの地点を入れる、Ｂ点　（例－５）

③ Ｂ点より真方位 075°、２マイルの地点を入れる、Ｃ点　（例－５）

④ Ｃ点は、１時間航走して１時間海流された合成地点である。

⑤ したがって、Ａ～Ｃの磁針方位が実航磁針路であり、

⑥ Ａ～Ｃの距離が実航速力である。

⑦ 実航磁針路 003°、実航速力は 9.2 海里となる。

<参考>

実航磁針路と実航速力は、１時間走って、その先から１時間流されたそのベクトル（矢印）の合成であると考えてください。

<問題－8．解答図>

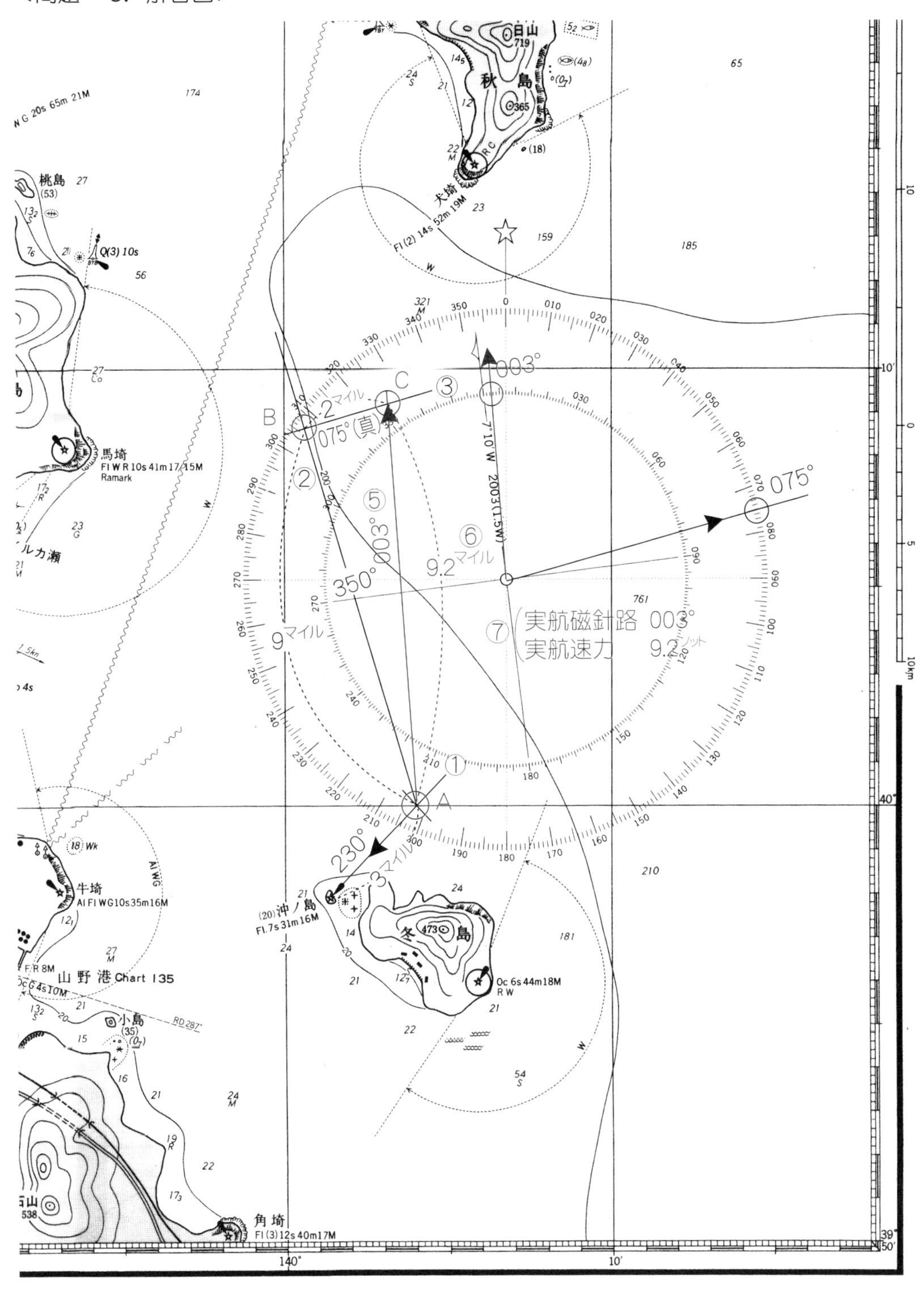

075°(真)
2マイル
9マイル
350°
003°
9.2マイル
230°
3マイル
7°10'W 2003(1.5'W)
実航磁針路 003°
実航速力 9.2ノット
075°
秋島
白山
犬埼
Fl(2)14s52m19M
桃島
馬埼
Fl W R 10s 41m 17/15M
Ramark
牛埼
Al Fl WG10s35m16M
沖ノ島
Fl 7s 31m 16M
冬島
Oc 6s 44m 18M
R W
山野港 Chart 135
小島
角埼
Fl(3)12s 40m17M
140°
10'
40°
39°50'

<問題－９>　Ａ丸は、秋島南端の犬埼灯台を磁針方位 027°、春島南東端の馬埼灯台を磁針方位 280°に見る地点から、磁針路 065°、速力 10 ノットで航行を開始した。この海域には流向 160°（真方位）、流速２ノットの海流があるものとして、Ａ船の実航磁針路及び実航速力を求めよ。（練習用海図 200 使用）

解答手順　（例－14 による）

① 犬埼灯台を磁針方位 027°に見る線を引く。（例－１）

② 馬埼灯台を磁針方位 280°に見る線を引く。（例－１）

③ その交点が発航地点、Ａ点

④ Ａ点より磁針方位 065°、10 マイルの地点を入れる（推測位置）Ｂ点（例－５）

⑤ Ｂ点から真方位 160°、２マイルの地点を入れるＣ点（例－５）

⑥ Ａ～Ｃの磁針方位がＡ船の実航磁針路

⑦ Ａ～Ｃの距離が実航速力である。

⑧ 実航磁針路 077°、実航速力 9.8 ノット

<問題－9．解答図>

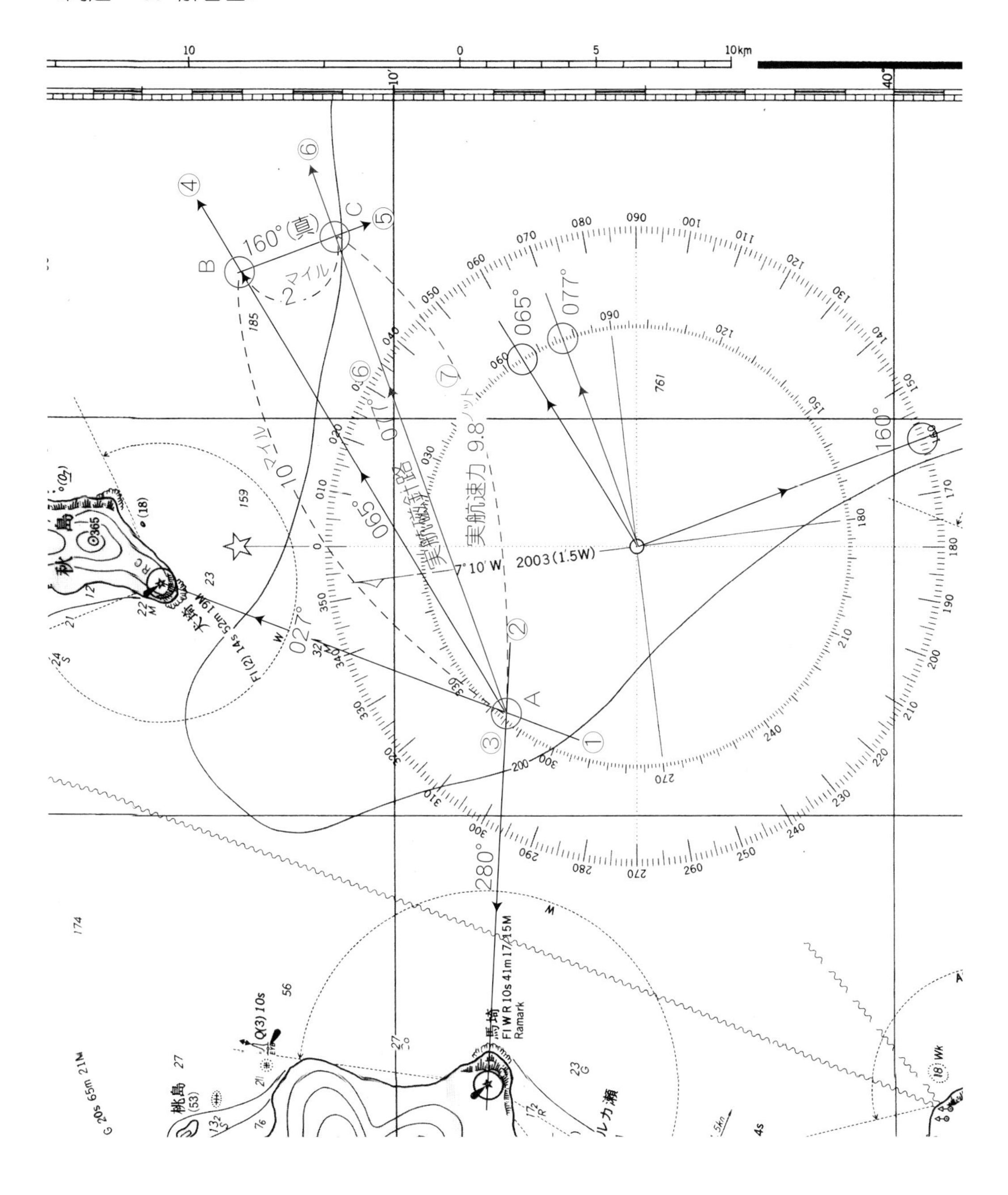

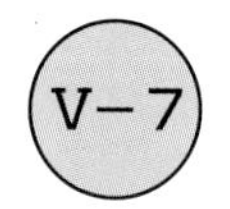

潮流の流向、流速を出す

<問題－10>　A丸は09時00分、大浜町南西方の長埼灯台を磁針方位330°、距離4海里に見る地点から、磁針路125°、速力8ノットで航行を開始した。A船はその後も同一の針路、速力で航行し、10時30分に船位を確認したところ、竹岬灯台から磁針方位170°、距離5海里の地点であった。この海域における海流の流向（真方位）、流速を求めよ。(練習用海図200使用)

解答手順　(例－16)

① 長埼灯台を磁針方位330°、4マイルに見る地点を入れる。09時00分のA船の位置、A点　(例－5)

② A点より磁針方位125°の船を引く。　(例－1)

③ その線上に12マイルをとる（8ノットで1時間30分走るから）10時30分のA船の推測位置となるB点

④ 竹岬灯台より磁針方位170°、5マイルの地点を入れる。10時30分のA船の実測位となるC点

⑤ B→Cは1時間30分に流された方位と距離である。

⑥ 流向はそのままの（航行時間に関係ない）真方位である。

⑦ B～Cの距離は1時間30分に流された距離(3マイル)であるから、流速（1時間のマイル）はそれを1.5で割って2ノットとなる。

⑧ 流向は340°（真方位）、流速は2ノット

<問題－10．解答図>

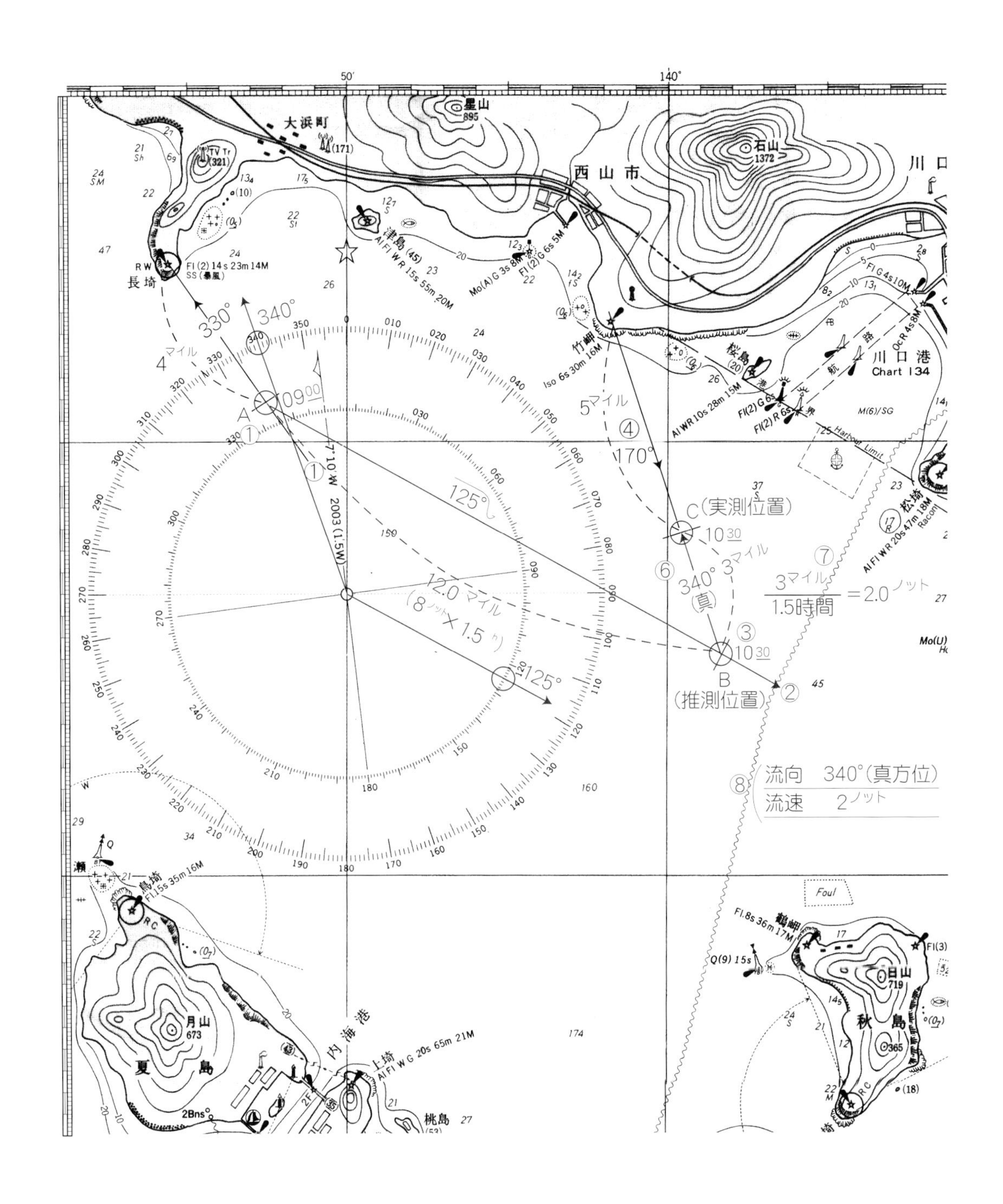

A
09 00
330°
340°
4マイル
①
125°
B
10 30
(推測位置)
②
12.0マイル
(8ノット×1.5h)
③
C(実測位置)
10 30
④
170°
5マイル
⑤
⑥
340° 3マイル
(真)
⑦
3マイル / 1.5時間 = 2.0ノット
⑧
流向 340°(真方位)
流速 2ノット
7°10'W 2003(1.5W)
西山市
大浜町
星山 895
石山 1372
津島 (45)
長埼
竹岬
桜島
川口港
Chart 134
松埼
夏島
月山 673
内海港
上埼
桃島
秋島
日山 719
鶴岬

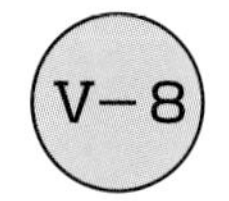

磁針路を出す

<問題－11>　A丸は、西川市南方海域を速力8ノットで航行中、赤岬灯台を磁針方位260°、西山山頂と青埼灯台をトランジット（重視）する地点に達した。この地点から、大島の黄岬灯台を右舷に見て、最接近距離3海里で航過するには、磁針路を何度にとればよいか。ただし、この海域には流向040°（真方位）、流速3ノットの海流があるものとする。（練習用海図150使用）

解答手順　（例－15）

①　赤岬灯台を磁針方位260°に見る線を引く。　（例－1）

②　西山山頂と青埼灯台をトランジット（重視）する線を引く。

③　その交点が発航地点、A点

④　黄岬灯台から北側に3マイルの半円を描く。（デバイダーで海図にすじをつける）

⑤　A点からその半円に接線を引く（最接近距離3海里で航過する）、この線が実航針路となる。

⑥　A点から真方位040°、3マイルの点をとる、B点　（例－5）

⑦　B点から8マイル（ノット）の円と実航針路の交点をC点とする。

⑧　B→Cの磁針方位が求める磁針路である。

⑨　磁針路は118°

<参考>　磁針路を求めるには（例－15）の説明のように、まず実航進路を入れ、次に1時間分流れて、その先から速力（ノット）を実航進路上に取れば、その方向が磁針路となります。

<問題－11．解答図>

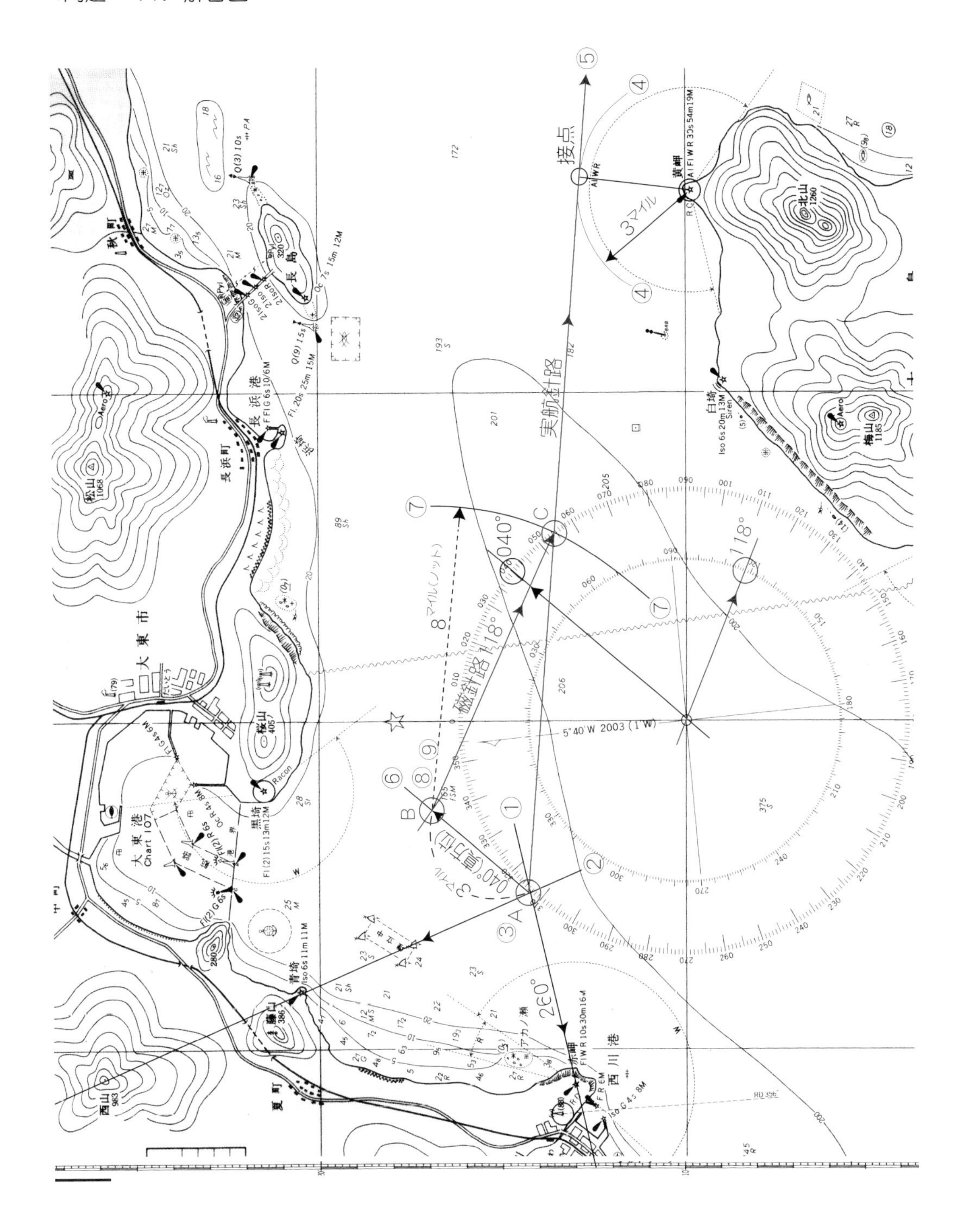
接点
実航針路
磁針路118°
3マイル
8マイル(ノット)
040°
118°
260°
5°40'W 2003 (1'W)
大東市
大東港
Chart 107
長浜港
長浜町
松山
1068
桜山
405
北山
1260
梅山
1185
西山
983
藤山
386
長島
320
黄岬
白埼
黒埼
青埼
赤岬
西川港
秋町
夏町

<問題－12>　速力8ノットの船が、夏島北端の鳥埼灯台を磁針方位240°、距離4海里に見る地点から大浜町南西方の長埼灯台に向けて航行するには、磁針路を何度にとればよいか。ただし、この海域には流向100°（真方位）、流速3ノットの海流があるものとする。　（練習用海図200使用）

解答手順　（例－15）

① 鳥埼灯台を磁針方位240°、距離4海里に見る地点を入れる、ここが発航地点、A点　（例－5）

② A点から、長埼灯台に向けて実航針路を引く。

③ まず、A点から1時間分の流向100°（真方位）、流速3マイルを入れる、B点　（例－5）

④ B点から、8マイル（8ノット）の半円を描く。

⑤ その半円と実航針路の交点を、（8ノットと実航針路を満足する点）C点とする。

⑥ B→Cの磁針方位が求める磁針路である。

⑦ 磁針路336°

<問題－12. 解答図>

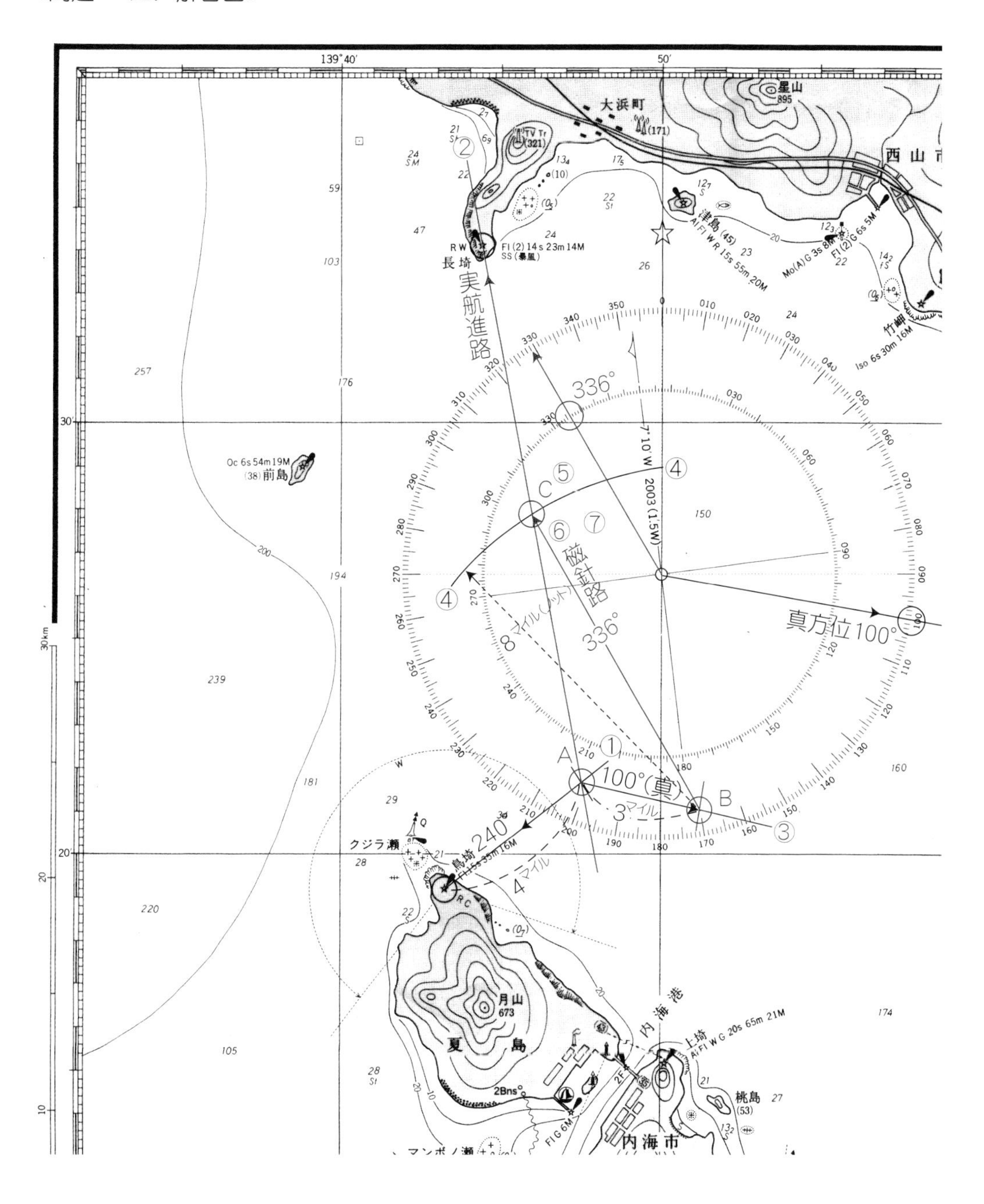

139°40′
50′
大浜町
星山
895
西山市
長埼
Fl(2)14s 23m 14M
SS(暴風)
実航進路
津島
Al Fl W R 15s 55m 20M
Mo(A)G 3s 8M
Fl(2)G 6s 5M
竹岬
Iso 6s 30m 16M
Oc 6s 54m 19M
(38)前島
336°
7°10′W
2003(1.5′W)
磁針路
真方位100°
A
B
C
100°(真)
3マイル
240°
4マイル
8マイル(ノット)
クジラ瀬
鳥埼
Fl 15s 35m 16M
月山
673
夏島
内海港
上埼
Al Fl W G 20s 65m 21M
桃島
(53)
内海市
2Bns
Fl G 6M
マンボノ瀬

Ⅵ 海図の最新維持

古いカーナビを使うと遠回りのルートを案内されたり、道がなくなっているところを案内されたりした経験はないでしょうか。道路事情は時々刻々と変化しているため、地図データの更新が必要です。同様に、海上でも日々新しいブイが設置されたり、川の流れで水深が変化したりしています。そのため、安全な航海のためには海図を「買ったら終わり」とするのではなく、使用前に最新の状態にすること（改補）が重要です。本章では、その方法について解説します。

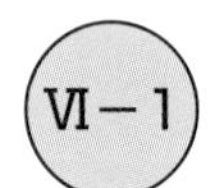

Ⅵ－1 紙海図の改補

1．事前準備

（1）準備するもの

0.3mm のボールペン（赤･黒）、三角定規、4B の鉛筆、消しゴム、スティックのり、はさみ、カッター、カッター板、海図図式

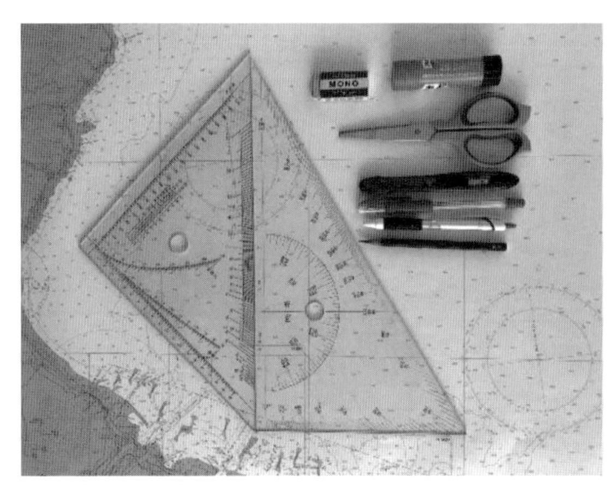

出典：（一財）日本水路協会「海図ネットショップ」HP より

（2）改補記録の確認

海図の左下の欄を見ると、その海図がどこまで改補されているかを確認できます。写真は 2013 年に発行された海図で、2020 年の 30 項まで改補された状態で購入し

たことが確認できます。自分で改補を行ったときは、この後ろに手書きで小改正の項番号を書き加えていきます。

なお、海図販売店で海図を購入した場合でも、最新に改補されていないことがありますので確認が必要です。

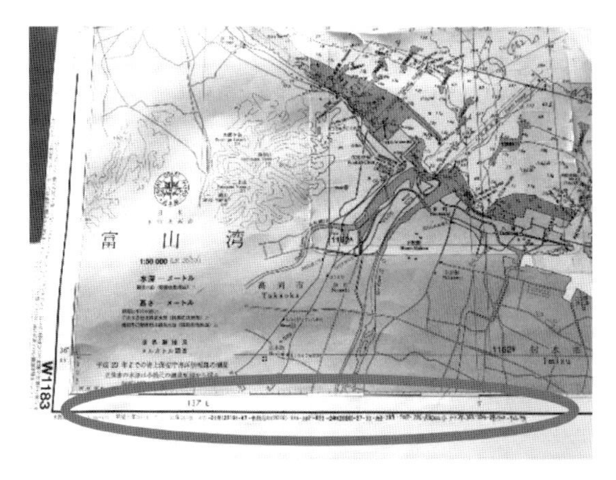

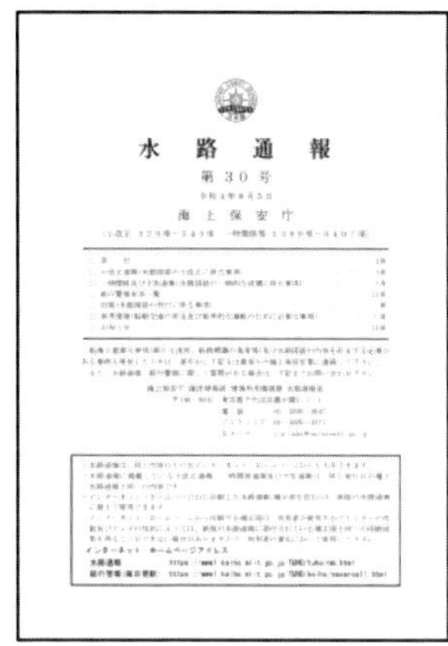
水　路　通　報

第30号

海上保安庁

出典：海上保安庁 HP より

2. 水路通報

海図の更新情報は海上保安庁の HP で公開されている「水路通報」から入手できます(https://www1.kaiho.mlit.go.jp/TUHO/tuho/nm.html)。また、有料となりますが、日本水路協会のホームページから印刷物を注文することもできます（https://www.jha.or.jp/jp/jha/purchase/ntm.html)。

(1) 水路通報索引

長期間海図の改補を行っていない場合、半年に 1 回発行される水路通報索引を使って、水路通報索引の発行日以前の最新情報を確認すると良いでしょう。

例えば、令和 4 年 1 月 14 日に発行された「令和 3 年水路通報索引（25 号～ 49 号)」を使って、富山湾の海図（W1183）について調べると、刊行年月が 2012 年 9 月、そしてこの索引がカバーする期間に 5 回の改正があったことがわかります。「47/779」とあるのは、水路通報第 47 号に掲載されている小改正 779 項の情報であることを示しています。

(2) 水路通報

水路通報は週に 1 回発行されます。前述した水路通報索引の最新版より後に発行された水路通報は、一通り目を通して手持ちの海図に関係するものがないか確認しましょう。

まずは２ページ目の「索引」を見て、自分の手持ちの海図番号が記載されていないか確認します。もしここに記載されていなければ、その海図に関する情報はありませんので、次号の確認に移っても構いません。もし記載されていれば、その海図の情報が記載されている項目を「小改正通報」「一時関係及び予告通報」などから探し、通報内容の通りに修正します。

（3）一時関係及び予告一覧表

「一時関係及び予告一覧表」は３か月に１回発行されます。使い方は上記の水路通報索引とよく似ていますので割愛します。

3. 小改正

水路通報３ページ目の「小改正通報」に自分の手持ちの海図番号があった場合、小改正を行う必要があります。写真の場合、W1183 と記載されているので W1183 の海図に小改正が必要となります。

（水路通報の小改正通報ページ写真）

（1）追加

水路通報に基づいて海図のシンボルを追加する場合は、以下のようにします。

＜例－１＞

★３年 779 項 本州北西岸 富山湾 － 大泊鼻北方 魚礁設置

記載４地点により囲まれる魚礁区域を示す危険界線

(1) 36-59-21.6N 137-03-17.0E

(2) 36-59-21.6N 137-03-19.9E

(3) 36-59-16.1N 137-03-19.9E

(4) 36-59-16.1N 137-03-17.0E

『(漁礁シンボル)』(5) 上記区域内

『(漁礁シンボル)』(6) 36-59-19N 137-03-19E

海 図 (1～5)W1183[3-723]－(6)W1163[3-554]－(6)JP1163[3-554]

出 所 九管区水路通報３年 46 号 445 項

① 海図上に鉛筆で水路通報に記載されている緯度・経度の地点を示す印をつける

②「記載」欄の内容やシンボルを海図図式も参照して、海図上にペン描きする

③ 海図左下に項番号を書き足す

(2) 移動

水路通報に基づいて海図のシンボルを移動する場合、すなわち元々海図上に描かれていたシンボルの位置を移動する場合、もちろん元のシンボルを削除して新しい位置に追記する方法でも構いませんが、図のように小さな丸で示される位置に矢印で移動したことを示すこともできます。

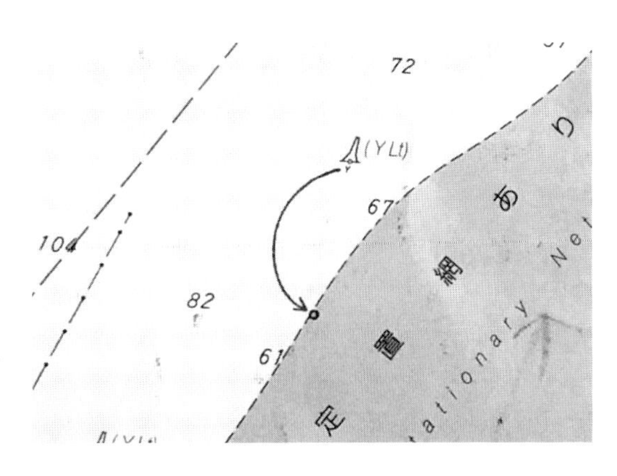

(3) 削除

水路通報に基づいて海図のシンボルを削除する場合は、以下のようにします。

① 水路通報に記載されている緯度・経度に従い、削除するシンボルを特定する。
② 赤のボールペンで二重線を引いて削除する。
③ 海図左下に項番号を書き足す。

(4) 補正図

手書きでの改補が困難な部分には、海図別補正図が発行される場合があります。補正図を使用した改補の手順は以下のとおりです。

① A4 用紙に等倍印刷し、外枠が残らないようにカッター等を使用して図を切り取る。
② 海図に補正図を当てて場所を確認する。
③ 補正図の角をハサミで面取りする。
④ 補正図の裏にスティックのりを塗って、海図に貼る。
⑤ 海図左下に項番号を書き足す。

(5) 一時関係

工事や作業のため一時的に標識を移動する場合など、期間限定の変更がある場合は一時関係の通報があります。基本的な改補の方法は小改正と同じですが、ボールペンを使用すると元に戻せなくなるので、4B の黒鉛筆を使用して情報を記入します。

4. 新版・改版

水路通報に海図などの水路図誌の新版や改版の案内が掲載される場合があります。もし手持ちの海図が改版された場合、その海図は航海に使用してはいけませんので、購入し直す必要があります。

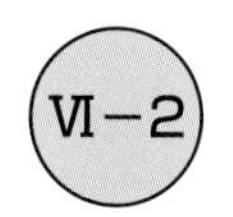

電子海図のアップデート

紙海図と同様に、電子海図も最新維持する必要があります。電子海図は国際水路機関（IHO）の定めるデータ形式で作成されており、所定の形式で配布されるアップデートデータを表示ソフトに読み込むことでアップデートできます。

1. インターネットからダウンロードする方法

詳しくは海図ネットショップの航海用電子海図（ENC）のページ（https://www.jha.or.jp/jp/shop/products/enc/index05.html）で操作方法の PDF ファイルが公開されていますので、そちらを参照してください。

2. CD を郵送で受け取る方法

自分でアップデート CD を作成することが難しいという方は、電子水路通報 CD を購入することもできます。有料となりますが、送られてきた CD の情報を ENC 表示ソフトで読み込むだけで、簡単に更新できます。

Ⅶ 安全な航海のために

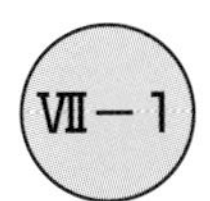

Ⅶ－1 海図は「読む」もの

絵画を眺めるように海図を見たとしても、重要な情報は見落としてしまいます。海図をよく「読む」ことで、安全な航海を阻害するものがないか確認する必要があります。そのためには、航海計画を立てたらコースラインを指でなぞり、その周辺に見慣れない記号があれば海図図式で調べることをおすすめします。例えば漁礁の記号が書かれていたとすると、漁具が設置されていたり、その周辺で漁をしている漁船と出会う可能性があります。この場合、漁礁を迂回するようにコースラインを引き直すとより安全です。

Ⅶ－2 位置の確認

1．方位の測り方（磁気コンパスの使い方）

磁気コンパスで方位を測定する際は、ハンドコンパスを使用します。測定する物標と照準器を合わせ、コンパスカードの目盛りを読みます。このとき艇が揺れるので、可能な限り水平に持ち、目盛りが指す平均的な値を読み取ります。

2．距離の測り方（レーダーの使い方）

レーダーはアンテナから電波を発射して、陸地や船などの物体までの正確な距離を測定するための航海計器です。距離を測定する際は可変距離マーカー（VRM）を使用します。VRM を示す円が像の手前側に接するように調整し、表示されている値を読み取ります。

レーダーでの距離測定は、次頁の左図のように船から見て手前に飛び出た地形が適しています。右図のように島の先端や岬の端を測定すると、正確な距離は得られません。

レーダーに方位情報を入力することで、物体の方位を測定することも不可能ではありませんが、電波の水平ビーム幅の影響で物体が拡大して見えるため、あまり正確ではありません。そのため、方位の測定はレーダーではなく、コンパスを使用するようにしてください。

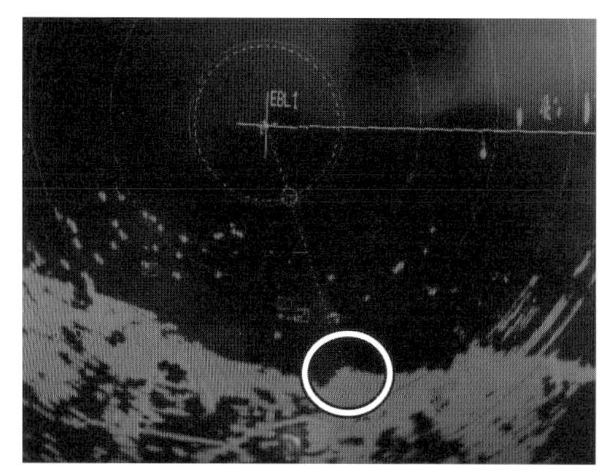

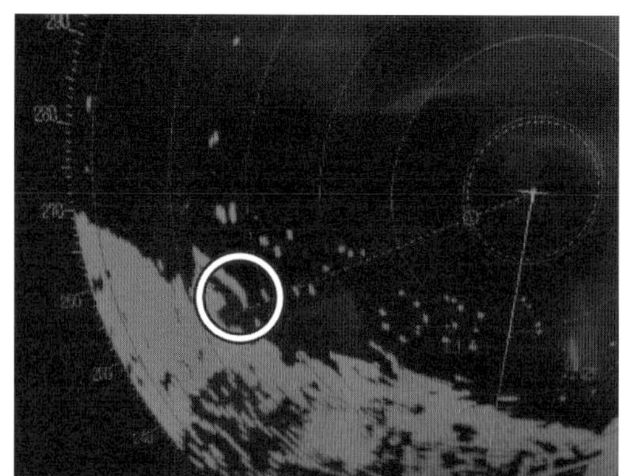

3．水深の測り方

（1）音響測深儀の使い方

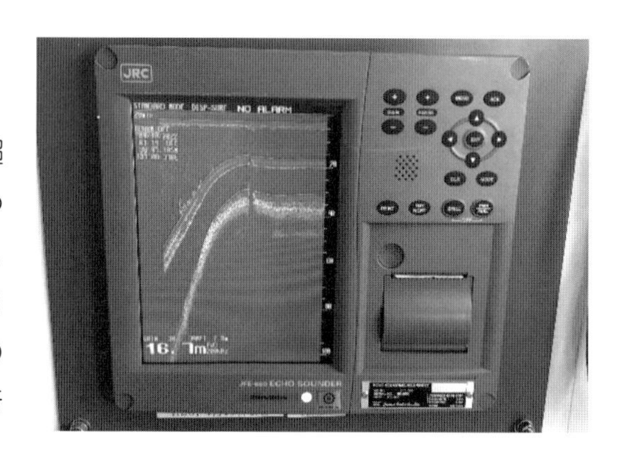

音響測深儀は船底のセンサーから超音波を発射して、水深を測定するための航海計器です。画面や記録紙により、船底から海底までの深さが表示されます。正確な水深（水面から海底までの深さ）が知りたい場合は喫水調整を行う必要があります。

（2）釣り竿を使った簡易的な水深の測り方

釣り竿を使用して、簡易的に水深を測ることができます。オモリを道糸の先端に結び、船を停めて船が流れていく方向に投げ入れます。オモリが海底に着いたら道糸を張り合わせて、船が流されて道糸が垂直に近付いてきたらリールを巻いて巻き上げます。オモリが水面に上がるまでにリールを巻いた回数に、リール 1 周で巻き上げられる糸の長さを掛けると、だいたいの水深を測ることができます。

避険線

目視では確認できない暗礁など、水中の障害物への接近を回避する方法として、避険線を利用する方法があります。基本的にはクロス方位法や GPS で位置を求め、周囲の状況を確認する必要がありますが、避険線を利用すれば頻繁に位置を求めることなく、手間をかけずに危険を回避することができます。ここでは、小型船舶でも利用可能な 2 つの方法を紹介します。

1. 方位による避険線

コンパスを使用する方法です。例えば、コースラインの右側に複数の暗岩があり、その先に島があったとします。島の頂上からこの暗礁を避けるように線を引くと、280 度の線が得られました。つまり、船から島を見たときの方位が 280 度以下だと、乗り上げの危険があると言えます。そのため、海図上に引いたこの線（避険線）の側に「<280> 以上に見る」などと記入しておき、航海中は島の頂上の方位をコンパスで適宜確認するようにします。

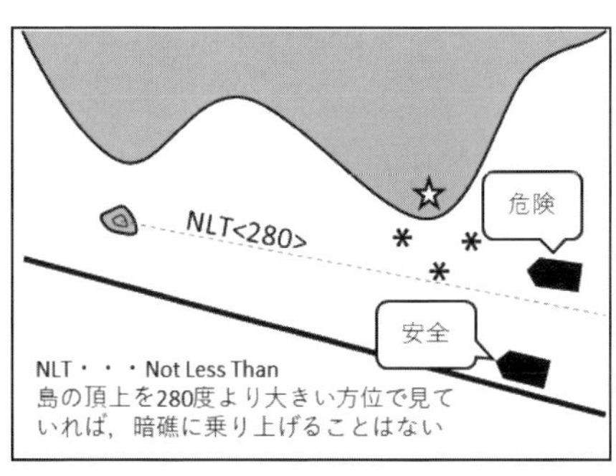

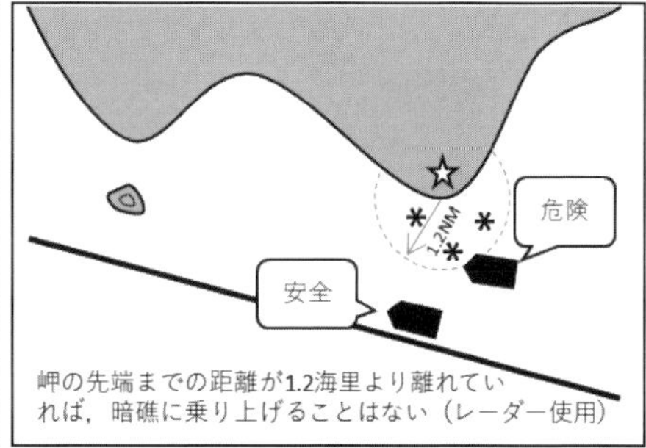

2. 距離による避険線

レーダーを使用する方法です。例えば、コースラインの右側の岬付近に複数の暗岩があったとします。岬の先端から暗岩が入るように円を描くと、1.2 海里の円となりました。つまり、岬から 1.2 海里より近づいて航行すると、乗り上げの危険があると言えます。そのため、海図上に引いたこの円（避険線）の側に「1.2 海里以上離岸」などと記入しておき、航海中は岬までの距離をレーダーで適宜確認するようにします。

あとがき

この本を読んで、海図のことや海図の使い方が、少しはお分かりになっていただけたでしょうか。

私がこの本を書き始めた理由は、成山堂書店の小川社長さんから、小型船舶操縦士の免許を取りたいという初心者の皆さんから、海図に関する本がないかとの問いあわせがあるが、推薦できる適当な本がないので、書いてみてくれないかとのお話からです。

私は長年、日本船舶職員養成協会で小型船舶操縦士の実技と学科の教習を行いました。その間、確かに海図以外の教習本は見かけましたが、海図の作業（チャートワーク）を習得できるような本は見たことがありませんでした。

前記養成協会（小型船舶操縦士の免許の取得が、独自の審査を行うことで国家試験を免除される養成施設）の教本でも海図に関しては、基本的な要点だけ書いてあり初心者にとって、とうてい読むだけで理解できるような内容ではありませんでした。

ではどうして教習を行っていたかというと、先ずコンパス図や海図の目盛りの読み方から始まって、三角定規とデバイダーの使い方を、黒板を使ってお話をし、それだけでは理解してもらえないときは一人一人に手を添えて、その要領を短時間で覚えてもらうことができました。その結果、時間内に練習問題を解くことができるまでに習得して貰いました。

一対一で説明しながら手を添えて覚えてもらうには、それほど時間はかかりませんでした。その教習方法は、いろいろ試行錯誤しながら考えたもので、受講者がある程度までのレベルに達することができる教習内容には、自分なりに自信がありました。ですからこのお話をお聞きしたときに、実際に短時間（約３～４時間）で行ってきた教室での教習の内容を、文章にまとめればいいぐらいに考えて書き始めた次第です。

しかし書き始めて分かってきたことは、海図を前にして三角定規やデバイダーを持った初心者の皆さんに、海図の作業を始めてもらうためには、私が教室で何気なく皆さんの前でやった動作は、見ておぼえてもらえますが、これを本（文章）だけで理解してもらうためには、どのように表現すれば分かっていただけるか、という難しさでした。また、三角定規の連続動作などをどのようにして表現すればよいか、などさまざまなことにぶつかり、結局私なりに得た結果がこの本になりました。

決してこの本で、万人の皆さんが海図の基本を理解してもらえるとは思ってはおりませんが、この本をお読みいただいて、少しでも多くの方々に、海図の使い方が分かって来たと言っていただければ、書いた甲斐があったとうれしく思います。
　この本を使ってみて、分かりにくかった点などについて、ご意見をお寄せいただければ、参考にさせていただき、今後より分かりやすい本に改訂する資料にさせていただきたいと思っております。
　尚、書中解答図の中で距離や方位が縮尺印刷の都合で、実尺と実方位と一致しないところもありますが御理解下さい。
　私の思いは、最初に書きましたとおり、船や海が大好きな皆さんが、たとえ目の先の海であれ遠洋であれ、そこで釣りやクルージングをする、いわゆるマリンレジャーを安全に楽しんで、明日へのお仕事や生活のエネルギーの基にしていただくために、また一級小型船舶操縦士の免許を取りたいと思っていらっしゃる皆さんに、さらに免状は持っているがもう少し海図のことを勉強したいと思われている皆さんに、この本が少しでもお役に立てばこの上ない私のよろこびです。
　この本を書くにあたり、日本船舶職員養成協会発行の歴代にわたる学科の教本を参考にさせていただきました。
　また、本書中で使用した練習問題は、実際に国家試験に出題された問題の中から選択したものです。なお使用した海図も同じものを適宜縮尺して使用させてもらいました。
　最後に、（株）成山堂書店の小川社長はじめ皆さんから編集出版にあたり、ご丁寧なアドバイスとご指導をいただきました。重ねて御礼申し上げます。

　“皆さん、おおいにマリンレジャーを安全第一にお楽しみ下さい！！”

2006年9月

吉 野 秀 男

＜参考文献＞

一・二級小型船舶操縦士教本	H13－8	(財)日本船舶職員養成協会
四級小型船舶操縦士教本	H14－6	〃
小型船舶操縦士　学科教本Ⅰ	H17－3	〃
小型船舶操縦士　学科教本Ⅱ	H17－4	〃
小型船舶操縦士　学科Ⅱ例題集	H17－5	〃

索　引

あ 行

か 行

さ 行

た 行

な・は行

ま・や・ら行

<著者・増補改訂協力者>

吉野秀男（よしの　ひでお）

1934 年 1 月 1 日	生　　長野県出身
1956 年 4 月	北海道大学水産学部遠洋漁業学科卒業
1957 年 6 月	同上　特設専攻科修了 甲種二等航海士免許取得
1957 年 9 月	極洋捕鯨株式会社「現株式会社極洋」　入社 主として南氷洋捕鯨事業に航海士として従事
1963 年 6 月	甲種船長免許取得「現 一級海技士（航海）」
1974 年 5 月	同社陸上職員に職務変更
1979 年 8 月	一級小型船舶操縦士免許取得
1989 年 1 月	株式会社極洋　退社
1991 年 4 月	日本船舶職員養成協会　関東支部講師
2006 年 3 月	同上　退職

布目明弘（ぬのめ　あきひろ）

1989 年 1 月 29 日	生　　富山県出身
2007 年 4 月	一級小型船舶操縦士免許取得
2009 年 9 月	富山商船高等専門学校商船学科卒業
2012 年 3 月	神戸大学海事科学部卒業
2014 年 3 月	神戸大学海事科学研究科博士前期課程 修了　修士（海事科学）
2014 年 4 月	株式会社グローバルオーシャンディベロップメント入社 主として海洋地球研究船「みらい」航海士として調査船の運航に従事
2016 年 4 月	日本海洋事業株式会社に転籍
2019 年 8 月	一級海技士（航海）免許取得
2020 年 4 月	富山高等専門学校商船学科　助教
2021 年 4 月	富山県セーリング連盟　理事
2021 年 10 月	東京海洋大学大学院博士後期課程入学

新訂 初心者のための海図教室（しんてい しょしんしゃ かいずきょうしつ）

定価はカバーに表示してあります。

2006年10月18日　初　　版発行
2023年 1 月18日　新訂初版発行

著　　　　者　吉　野　秀　男
増補改訂協力者　布　目　明　弘
発　行　者　小　川　典　子
印　　　　刷　株式会社日本制作センター
製　　　　本　東京美術紙工協業組合

発行所 株式会社 成山堂書店

〒160-0012　東京都新宿区南元町4番51　成山堂ビル

TEL:03(3357)5861　　FAX:03(3357)5867

URL　https://www.seizando.co.jp

落丁・乱丁本はお取り換えいたしますので、小社営業チーム宛にお送りください。

Printed in Japan　　ISBN978-4-425-00095-1

※辞　典・外国語※

✣辞　典✣

英和海事大辞典(新装版)	逆井編	16,000円
和英英和船舶用語辞典	東京商船大辞典編集委員会編	5,000円
英和海洋航海用語辞典(2訂増補版)	四之宮編	3,600円
英和和英機関用語辞典	升田編	3,200円
新訂 図解 船舶・荷役の基礎用語	宮本編著 新日検改訂	4,300円
海に由来する英語事典	飯島・丹羽共訳	6,400円
船舶安全法関係用語事典(第2版)	上村編著	7,800円
最新ダイビング用語事典	日本水中科学協会編	5,400円

✣外国語✣

新版英和対訳IMO標準海事通信用語集	海事局監修	4,600円
英文和文新しい航海日誌の書き方	四之宮著	1,800円
発音カナ付英文・和文新しい機関日誌の書き方(新訂版)	斎竹著	1,600円
実用英文機関日誌記載要領	岸本大橋共著	2,000円
船員実務英会話	日本郵船海務部編	1,600円
復刻版海の英語 —イギリス海事用語根源—	佐波著	8,000円
海の物語(改訂増補版)	商船高専英語研究会編	1,600円
機関英語のベスト解釈	西野著	1,800円
海の英語に強くなる本 —海技試験を徹底攻略—	桑田著	1,600円

※法令集・法令解説※

✣法　令✣

海事法令シリーズ①海運六法	海事局監修	18,000円
海事法令シリーズ②船舶六法	海事局監修	45,000円
海事法令シリーズ③船員六法	海事局監修	35,000円
海事法令シリーズ④海上保安六法	保安庁監修	20,000円
海事法令シリーズ⑤港湾六法	港湾局監修	17,000円
海技試験六法	海技・振興課監修	5,000円
実用海事六法	国土交通省監修	35,000円
安全法シリーズ①最新船舶安全法及び関係法令	安全基準課監修	9,800円
最新小型船舶漁船安全関係法令	安基課・測度課監修	6,400円
加除式危険物船舶運送及び貯蔵規則並びに関係告示(加除済み台本)	海事局監修	27,000円
最新船員法及び関係法令	船員政策課監修	5,800円
最新船舶職員及び小型船舶操縦者法関係法令	海技・振興課	6,200円
最新海上交通三法及び関係法令	保安庁監修	4,600円
最新海洋汚染等及び海上災害の防止に関する法律及び関係法令	総合政策局監修	9,800円
最新水先法及び関係法令	海事局監修	3,600円
船舶からの大気汚染防止関係法令及び関係条約	安全基準課監修	4,600円
最新港湾運送事業法及び関係法令	港湾経済課監修	4,500円
英和対訳2021年STCW条約[正訳]	海事局監修	28,000円
英和対訳国連海洋法条約[正訳]	外務省海洋課監修	8,000円
英和対訳2006年ILO海上労働条約[正訳]2021年改訂版	海事局監修	7,000円
船舶油濁損害賠償保障関係法令・条約集	日本海事センター編	6,600円

✣法令解説✣

シップリサイクル条約の解説と実務	大坪他著	4,800円
海事法規の解説	神戸大学編著	5,400円
海上交通三法の解説(改訂版)	巻幡有山共著	4,400円
四・五・六級海事法規読本(2訂版)	及川著	3,300円
ISMコードの解説と検査の実際 —国際安全管理規則がよくわかる本—(3訂版)	検査測度課監修	7,600円
運輸安全マネジメント制度の解説	木下著	4,000円
船舶検査受検マニュアル(増補改訂版)	海事局監修	8,000円
船舶安全法の解説(5訂版)	有馬　編	5,400円
国際船舶・港湾保安法及び関係法令	政策審議官監修	4,000円
図解 海上交通安全法(10訂版)	藤本著	3,200円
海上交通安全法100問100答(2訂版)	保安庁監修	3,400円
図解 港則法(3訂版)	國枝・竹本著	3,200円
図解 海上衝突予防法(11訂版)	藤本著	3,200円
海上衝突予防法100問100答(2訂版)	保安庁監修	2,400円
逐条解説 海上衝突予防法	河口著	9,000円
港則法100問100答(3訂版)	保安庁監修	2,200円
海洋法と船舶の通航(改訂版)	日本海事センター編	2,600円
船舶衝突の裁決例と解説	小川著	6,400円
内航船員用海洋汚染・海上災害防止の手びき —未来に残そう美しい海—	日海防編	3,000円
海難審判裁決評釈集	21海事総合事務所編著	4,600円
1972年国際海上衝突予防規則の解説(第7版)	松井・赤地・久古共訳	6,000円
新編 漁業法詳解(増補5訂版)	金田著	9,900円
概説 改正漁業法	小松監修 有薗著	3,400円

定価変更の場合もあります　　成山堂の海事関係図書　　総合図書目録無料贈呈

❖航　海❖

航海学（上）（6訂版） （下）（5訂版）	辻著	4,000円 4,000円
航海学概論（改訂版）	鳥羽商船高専ナビゲーション技術研究会編	3,200円
航海応用力学の基礎（3訂版）	和田著	3,800円
実践航海術	関根監修	3,800円
海事一般がわかる本（改訂版）	山崎著	3,000円
天文航法のABC	廣野著	3,000円
平成27年練習用天測暦	航技研編	1,500円
初心者のための海図教室（3訂増補版）	吉野著	2,200円
四・五・六級航海読本（2訂版）	及川著	3,600円
四・五・六級運用読本	藤井・野間共著	3,600円
船舶運用学のABC	和田著	3,400円
魚探とソナーとGPSとレーダーと舶用電子機器の極意（改訂版）	須磨著	2,500円
新版電波航法	今津・榧野共著	2,600円
航海計器シリーズ①基礎航海計器（改訂版）	米沢著	2,400円
航海計器シリーズ②新訂増補ジャイロコンパスとオートパイロット	前畑著	3,800円
航海計器シリーズ③電波計器（5訂増補版）	西谷著	4,000円
舶用電気・情報基礎論	若林著	3,600円
詳説 航海計器（改訂版）	若林著	4,500円
航海当直用レーダープロッティング用紙	航海技術研究会編著	2,000円
操船通論（8訂版）	本田著	4,400円
操船の理論と実際（増補版）	井上著	4,800円
操船実学	石畑著	5,000円
曳船とその使用法（2訂版）	山縣著	2,400円
船舶通信の基礎知識（2訂版）	鈴木著	2,800円
旗と船舶通信（6訂版）	三谷・古藤共著	2,400円
大きな図で見るやさしい実用ロープ・ワーク	山﨑著	2,400円
ロープの扱い方・結び方	堀越・橋本共著	800円
How to ロープ・ワーク	及川・石井・亀田共著	1,000円

❖機　関❖

機関科一・二・三級執務一般	細井・佐藤・須藤共著	3,600円
機関科四・五級執務一般（3訂版）	海教研編	1,800円
機関学概論（改訂版）	大島商船高専マリンエンジニア育成会編	2,600円
機関計算問題の解き方	大西著	5,000円
機関算法のABC	折目・升田共著	2,800円
舶用機関システム管理	中井著	3,500円
初等ディーゼル機関（改訂増補版）	黒沢著	3,400円
舶用ディーゼル機関教範	長谷川著	3,800円
舶用ディーゼルエンジン	ヤンマー編著	2,600円
舶用エンジンの保守と整備（5訂版）	藤田著	2,400円
小形船エンジン読本（3訂版）	藤田著	2,400円
初心者のためのエンジン教室	山田著	1,800円
蒸気タービン要論	角田著	3,600円
詳説舶用蒸気タービン（上） （下）	古川・杉田共著	9,000円 9,000円
なるほど納得!パワーエンジニアリング（基礎編） （応用編）	杉田著	3,200円 4,500円
ガスタービンの基礎と実際（3訂版）	三輪著	3,000円
制御装置の基礎（3訂版）	平野著	3,800円
ここからはじめる制御工学	伊藤監修・章著	2,600円
舶用補機の基礎（増補9訂版）	重川・島田共著	5,400円
舶用ボイラの基礎（6訂版）	西野・角田共著	5,600円
船舶の軸系とプロペラ	石原著	3,000円
新訂金属材料の基礎	長崎著	3,800円
金属材料の腐食と防食の基礎	世利著	2,800円
わかりやすい材料学の基礎	菱田著	2,800円
エンジニアのための熱力学	刑部監修・角田・川原共著	3,400円
Case Studies: Ship Engine Trouble	NYK LINE Safety & Environmental Management Group	3,000円

■航海訓練所シリーズ（海技教育機構編著）

帆船　日本丸・海王丸を知る	1,800円
読んでわかる　三級航海　航海編（改訂版）	4,000円
読んでわかる　三級航海　運用編（改訂版）	3,500円
読んでわかる　機関基礎（改訂版）	1,800円

2022年1月現在　　定価は税別です。

■交通ブックス

208	新訂 内航客船とカーフェリー	池田著	1,500円
211	青函連絡船 洞爺丸転覆の謎	田中著	1,500円
215	海を守る 海上保安庁 巡視船(改訂版)	邊見著	1,800円
217	タイタニックから飛鳥Ⅱへ —客船からクルーズ船への歴史—	竹野著	1,800円
218	世界の砕氷船	赤井著	1,800円
219	北前船の近代史—海の豪商が遺したもの—	中西著	1,800円
220	客船の時代を拓いた男たち	野間著	1,800円
221	海を守る海上自衛隊 艦艇の活動	山村著	1,800円

❖受験案内❖

海事代理士合格マニュアル(7訂版)	日本海事代理士会 編	3,900円
海事代理士口述試験対策問題集	坂爪著	3,400円
完全ガイド 自衛官への道	防衛協力会編	1,800円
海上保安庁の仕事	海上保安庁の仕事編集委員会編	1,000円
海上保安大学校 海上保安学校への道	海上保安協会監修	2,000円
自衛官採用試験問題解答集	防衛協力会編	4,600円
気象予報士試験精選問題集	気象予報士試験研究会編著	2,800円
海上保安大学校・海上保安学校 採用試験問題解答集—その傾向と対策—(2訂版)	海上保安入試研究会 編	3,300円
海上保安大学校・海上保安学校 採用試験徹底研究—問題例と解説—	海上保安入試研究会 編	3,200円

❖教　材❖

位置決定用図(試験用)	成山堂編	150円
天気図記入用紙	成山堂編	500円
練習用海図(15号)	成山堂編	180円
練習用海図(16号)	成山堂編	180円
練習用海図(150号・200号)	成山堂編	各150円
練習用海図(150号/200号 両面刷)	成山堂編	300円
灯火及び形象物の図解	航行安全課 監修	700円

❖試験問題❖

一・二・三級海技士(航海)口述試験の突破(7訂版)	藤井 野間 共著	5,600円
二級・三級海技士(航海)口述試験の突破(航海)(5訂版)	平野 岡本 共著	2,400円
二級・三級海技士(航海)口述試験の突破(運用)(6訂版)	堀 淺木 共著	2,700円
二級・三級海技士(航海)口述試験の突破(法規)(6訂版)	岩瀬 遠藤 共著	3,800円
四級・五級海技士(航海)口述試験の突破(8訂版)	船長養成協会 編	3,600円
五級海技士(航海)筆記試験 問題と解答	航海技術研究会 編	3,000円
機関科一・二・三級口述試験の突破(4訂版)	坪 著	5,600円
機関科四・五級口述試験の突破(2訂版)	坪 著	4,400円
六級海技士(航海)筆記試験の完全対策(4訂版)	小須田編著	3,000円
四・五・六級海事法規読本(2訂版)	及川著	3,300円
新訂 ステップアップのための一級小型船舶操縦士試験問題［模範解答と解説］	片寄著 國枝改訂	2,600円
新訂 二級小型船舶操縦士試験問題【解説と問題】	片寄著 國枝改訂	2,600円
五級海技士(機関)筆記試験 問題と解答	航海技術研究会 編	2,700円

■最近3か年シリーズ(問題と解答)

一級海技士(航海)800題	3,200円
二級海技士(航海)800題	3,200円
三級海技士(航海)800題	3,200円
四級海技士(航海)800題	2,300円
一級海技士(機関)800題	3,200円
二級海技士(機関)800題	3,200円
三級海技士(機関)800題	3,200円
四級海技士(機関)800題	2,300円

練習用海図

日 埼 至 月 埼

1：200 000 (Lat 30°)

水深…メートル
最低水面(略最低低潮面)下

高さ…メートル
標高は平均水面上
干出する物は最低水面（略最低低潮面）上
橋梁等の障害物は最高水面（略最高高潮面）上

世 界 測 地 系
メ ル カ ト ル 図 法

潮 Tides	星 岬 Hoshi Misaki	大 東 Daito	大 浜 Ohama	花 島 Hana Shima
平均高高潮 (MHHW)	1·0m	2·3m	1·4m	1·2m
平均低い高潮 (MLHW)	0·7m	1·7m	1·0m	0·9m
平均高い低潮 (MHLW)	0·4m	0·9m	0·6m	0·6m
平均低低潮 (MLLW)	0·3m	0·3m	0·2m	0·2m
平 均 水 面 (MSL)	0·60m	1·30m	0·80m	0·70m

潮汐の値は最低水面からの高さを示す。
The tidal heights refer to the chart datum.

HI SAKI TO TSUKI SAKI

SOUNDINGS IN METRES
below Nearly Lowest Low Water

HEIGHTS IN METRES
Elevations are above Mean Sea Level.
Drying heights are above Nearly Lowest Low Water
All vertical clearances are above Nearly Highest High Water.

WGS-84
Mercator Projection

西山 983　中町　大東川　大東港 Chart 107　大東市　松山 1068　東山 781　冬町　日埼 Al Fl R G 10s 37m 20M　秋町　星岬 Fl(2)10s 65m 22M　長浜町　長浜港　桜山 405　黒埼 Fl(2)15s 13m 12M　藤山 386　青埼 Iso 6s 11m 11M　夏町　長島 320　夏山 627　馬島　中ノ瀬　中島 179　竹山 852　大西川　西川市　南山 1063　赤岬 Fl W R 10s 30m 16M　西川港　春町　月埼 Oc 8s 21m 13M　沖ノ島　鹿島 203 Fl(3)18s 60m 15M　黄岬 Al Fl W R 30s 54m 19M　白埼 Iso 6s 20m 13M　北山 1260　梅山 1185　大島　大田川　甲埼 Fl(2)13s 35m 17M　花島 (175)　小浜町　大浜港　大浜市　栗山 591　内埼 Al W R 10s 13m 12M　弁天島 Fl 3s 45m 18M　クロ瀬　小島 228 Fl 15s 11m 11M　乙岬 Oc 7s 20m 13M　杉山 256　柿山 375　沖町　牛島港　緑埼 Fl(2)14s 38m 17M　椿山 325　紅埼 Fl 15s 20m 13M　牛島町　桃山 734　牛島

水路通報 (Notices to Mariners)
海上保安庁許可第 242509 号（水路業務法第 25 条に基づく類似刊行物）
利用許諾：(一財) 日本水路協会承諾第 250102 号
この図は小型船舶操縦士国家試験を受ける方の練習用に特に調製したものです。

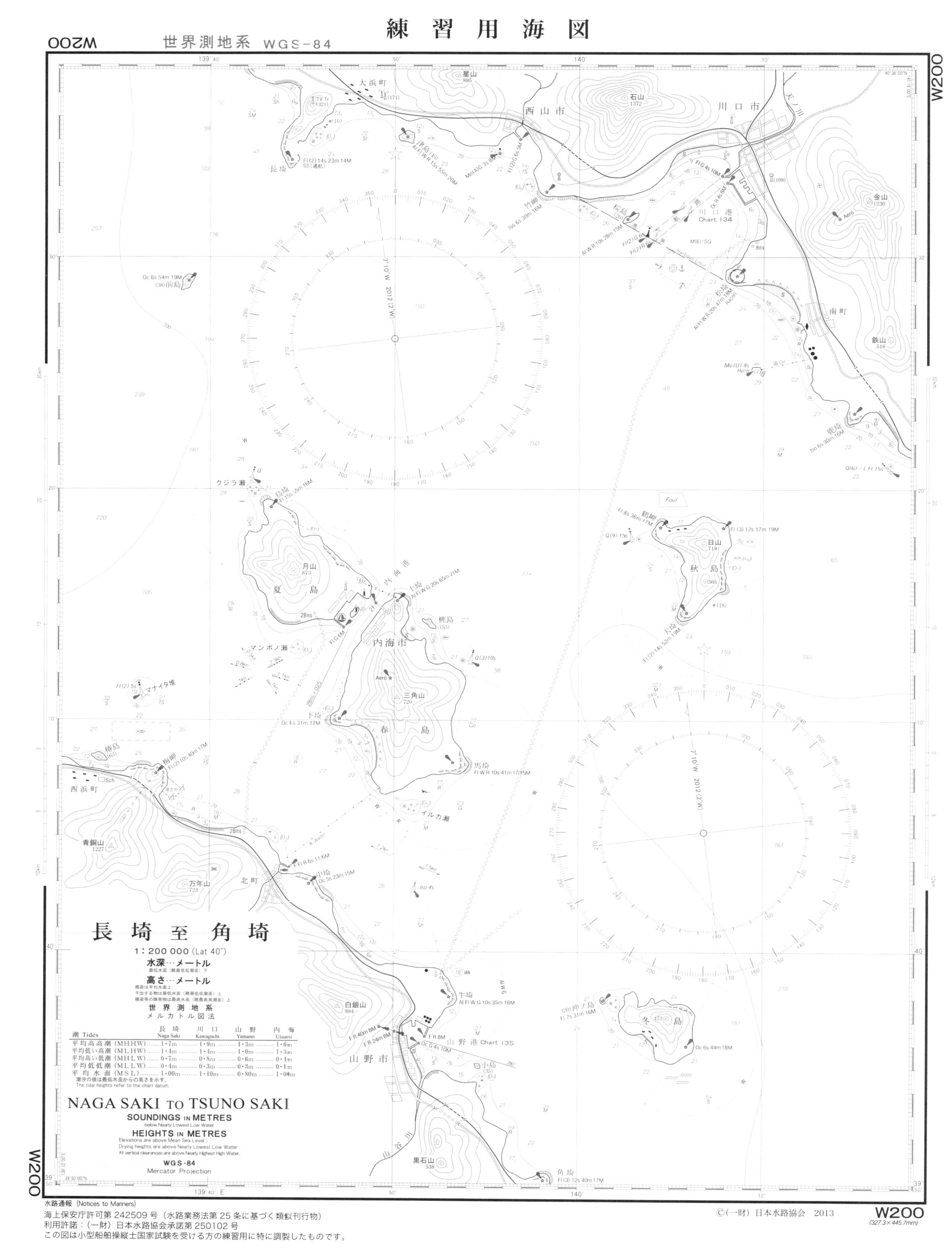
練習用海図
世界測地系 WGS-84
W200
長埼至角埼
1:200 000 (Lat 40°)
水深…メートル
高さ…メートル
世界測地系
メルカトル図法
潮 Tides
平均高高潮 (MHHW)
平均低い高潮 (MLHW)
平均高い低潮 (MHLW)
平均低低潮 (MLLW)
平均水面 (MSL)
NAGA SAKI TO TSUNO SAKI
SOUNDINGS IN METRES
HEIGHTS IN METRES
WGS-84
Mercator Projection
水路通報 (Notices to Manners)
海上保安庁許可第 242509 号（水路業務法第 25 条に基づく類似刊行物）
利用許諾：（一財）日本水路協会承諾第 250102 号
この図は小型船舶操縦士国家試験を受ける方の練習用に特に調製したものです。
©(一財) 日本水路協会 2013